高职高专计算机类专业系列教材

Web 设计与开发基础

主　编　李彩云　钟贞魁

副主编　吕玉梅　谢凤梅　王华敏　宋　薇

参　编　肖　芳　张金霞　邓　华

西安电子科技大学出版社

内 容 简 介

本书依据 1 + X 证书制度试点工作中采用的《Web 前端开发职业技能等级标准》设计了典型教学案例，通过这些案例详细讲解了 Web 设计与开发的基本知识和操作技能，同时融入思政内容。全书分为 10 个项目，每个项目含若干任务，如 Web 网页设计的案例、HTML 的标记和属性及 CSS 选择器，系统地介绍了界面设计的基础理论和设计步骤，循序渐进地讲解了使用 HTML 5 和 CSS 3 开发网站的技术。本书通过教学案例和实训项目的学习，可使学习者熟练掌握网站设计和开发的基本技能，为响应式网页设计及框架网页设计打下坚实的基础。

本书适合作为高职高专院校计算机类相关专业的网页设计课程的教材，也可作为网页设计初学者的学习参考书。

图书在版编目(CIP)数据

Web 设计与开发基础 / 李彩云，钟贞魁主编. --西安：西安电子科技大学出版社，2024.3
ISBN 978－7－5606－7165－9

Ⅰ. ①W…　Ⅱ. ①李…　②钟…　Ⅲ. ①网络制作工具—程序设计　Ⅳ. ①TP393.092.2

中国国家版本馆 CIP 数据核字(2024)第 011047 号

策　　划　李鹏飞
责任编辑　李鹏飞
出版发行　西安电子科技大学出版社(西安市太白南路 2 号)
电　　话　(029)88202421　88201467　　邮　　编　710071
网　　址　www.xduph.com　　电子邮箱　xdupfxb001@163.com
经　　销　新华书店
印刷单位　陕西天意印务有限责任公司
版　　次　2024 年 3 月第 1 版　　2024 年 3 月第 1 次印刷
开　　本　787 毫米×1092 毫米　1/16　印张　15.5
字　　数　365 千字
定　　价　44.00 元
ISBN 978－7－5606－7165－9 / TP
XDUP 7467001-1
＊＊＊ 如有印装问题可调换 ＊＊＊

前 言

互联网技术的不断发展给人们的工作和生活带来了变革，人们每天花在PC端、移动端浏览页面的时间明显延长。由于网站的视觉设计、内容的呈现形式和动态效果的设计会给用户带来不同的体验，因而与之相关的 Web 前端技术也显得越来越重要。针对这种情况，结合计算机相关专业人才培养及行业、企业相应岗位所需的知识和技能的要求以及当今流行的网页制作新技术和新标准，编者在总结多年从事 Web 前端课程教学的基础上编写了本书。

HTML 和 CSS 是前端开发中最基本的必备知识，HTML 定义页面元素，CSS 可以对元素进行定位，也可以设置元素的样式，只有熟练掌握了这些知识技能，才能得心应手地进行前端开发。根据这一认识，编者精心编排了本书内容，书中首先介绍了 Web 的基本概念和网页用语，讲解了界面设计的方法、步骤、配色方案等，可为学习者设计布局合理、界面美观的网站奠定一定的理论基础；然后讲解了 HTML 和 CSS 的基础知识和技能，可帮助学习者掌握 Web 静态页面开发的方法；每个项目后的项目小结和项目习题可加深学习者对知识的领悟，能够提高其独立思考及解决问题的能力。

本书具有以下特色：

(1) 本书结构科学合理，内容组织和案例设计充分考虑到学习者的特点，内容由浅入深、循序渐进，案例结合当前热点，既贴近生活，又能激发学习者的学习兴趣。

(2) 本书既包含界面设计的规范、色彩及色彩搭配原则等知识，也包含 Web 界面设计的步骤和方法，可为设计美观、合理的 Web 界面奠定基础。

(3) 本书内容涵盖了 1 + X 证书制度试点工作中采用的《Web 前端开发职业技能等级标准》中的知识点和技能点，结构清晰，内容全面。

(4) 本书部分项目加入了课堂思政内容，以加强传统文化教育、规则教育及职业素养养成教育。

本书由江西环境工程职业学院的部分教师合作编写，张金霞负责编写项目 1，吕玉梅负责编写项目 2 和项目 3，宋薇负责编写项目 4，邓华负责编写项目 5，王华敏负责编写项目 6 的任务 1 至任务 3，谢凤梅负责编写项目 6 的任务 4 和任务 5，李彩云负责编写项目 7 和项目 9，钟贞魁负责编写项目 8，肖芳负责编写项目 10。

在编写本书的过程中，编者倾注了大量心血，但由于计算机技术发展迅速，加上编者水平有限，书中可能还存在不足之处，恳请各位专家和读者批评指正。

编 者

2023 年 11 月

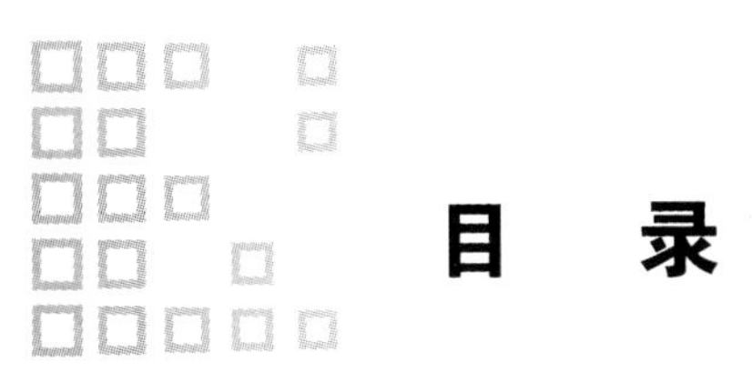

目　录

项目 1　Web 简介

学习目标

- 了解 Web 的诞生并掌握相关概念
- 了解并掌握网页的相关名词
- 了解 HTML 5 的发展及相关概念

课堂思政

2013 年，被学者李约瑟称为“中国第五大发明”的算盘，被联合国教科文组织列入人类非物质文化遗产名单，这是中国第三十项被列入其中的非物质文化遗产。

算盘或许没有像其他四大发明(即我国古代的四大发明)那样直接参与了人类文明发展的进程，但其作为一种简便的计算工具，有力地证明了中国是名副其实的“发明的国度”。中国的算学能够留名于世界数学史，算盘功不可没。

算盘造福了人们的童年，滋长了商业的萌芽。我们精打细算、勤俭细致的民族精神，同样也是使用算盘的先人留在我们精神中的宝贵财富。

任务 1.1　Web 的诞生及相关概念

Web 中文译为“网页”。大家日常上网时用浏览器浏览新闻、查询信息、翻看图片等其实都是在浏览网页。要学习网页制作当然先要了解与网页相关的基本概念。下面将对网页等知识进行详细讲解。

1989 年，在欧洲粒子物理研究所(CERN)IT 部门工作的 Tim Berners-Lee 向其领导提出了一项名为“Information Management：A Proposal”的提议，根据该建议，世界各地的远程站点的研究人员能够组织和汇集信息，并在个人计算机上访问大量的科研文献，该建议还提供了在文档中链接其他文档的方法，该建议的内容构成了 Web 的原型。

1990 年，Tim 以超文本语言 HTML 为基础在 NeXT 计算机上开发出了最原始的 Web 浏览器。

1994 年，万维网联盟(World Wide Web Consortium，W3C)成立，标志着万维网的正式诞生，由此世界进入了 Web 1.0 时代。此时的网页以 HTML 为主，属于纯静态网页，网页是“只读”的，信息流只能通过服务器到客户端单向流通。

1994 年创建 W3C 的目的是完成麻省理工学院(MIT)与欧洲粒子物理研究所之间的协同工作，该工作得到了美国国防部高级研究计划局(DARPA)和欧洲委员会(European Commission)的支持。

W3C 最重要的工作是发展 Web 规范，这些规范描述了 Web 的通信协议(如 HTML 和

XHTML)和其他的构建模块。

为了更好地认识网页，我们首先看一下淘宝的官方网站。打开浏览器，在地址栏中输入淘宝的网址 https://www.taobao.com，按回车键，这时浏览器中显示的页面即为淘宝官方网站的首页，如图 1-1 所示。

图 1-1　淘宝网站首页

从图 1-1 中可以看到，网页主要由文字、图像等元素构成。当然，除了这些元素，网页中还可以包含音频、视频以及 Flash 动画等。

为了快速了解网页是如何形成的，接下来可以查看源代码。在浏览器页面的空白处右击鼠标，弹出快捷菜单，选择“查看页面源代码”选项，弹出的窗口中显示当前网页的源代码，具体内容如图 1-2 所示。

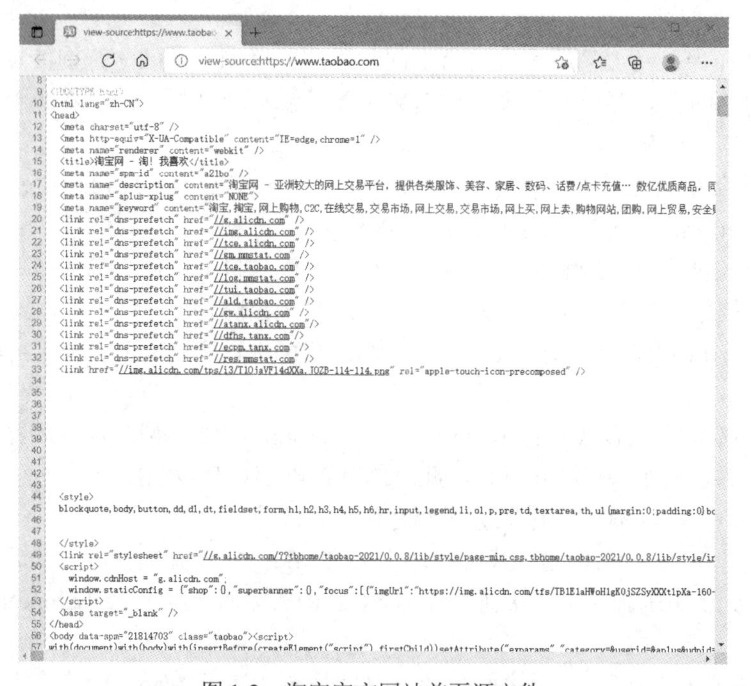

图 1-2　淘宝官方网站首页源文件

图 1-2 中显示的即为淘宝官方网站首页源文件，它是一个纯文本文件。而我们浏览网页时看到的图片、视频等，其实是这些纯文本组成的代码被浏览器渲染后的效果。

在一个系统的网站中，除了首页之外，通常还包含多个子页面，如淘宝官方网站包含“天猫”“聚划算”等子页面。网站就是多个网页的集合，网页与网页之间通过超链接互相访问。例如，当用户单击淘宝官方网站首页导航栏中的“天猫”时，网页就会跳到天猫页面，如图 1-3 所示。

图 1-3　天猫页面

网站由网页构成，网页有静态和动态之分。静态网页的内容是预先确定的，并存储在 Web 服务器或者本地计算机/服务器之中，用户无论何时何地访问，网页都会显示固定的信息，除非网页源代码被重新修改上传。静态网页的优点是访问速度快。而动态网页是由用户提供参数并根据存储在数据库中的网站上的数据创建的页面，这就造成了动态网页访问速度慢的现象。

现在互联网上绝大部分网站都是由静态、动态网页混合构成的，两者各有特色，用户在构建网站时可根据需求交互使用。

任务 1.2　网页相关名词

对于从事网页制作的人员来说，与互联网相关的一些专业术语是必须要了解的，如常见的 Internet、WWW、HTTP 等，下面进行具体介绍。

1. Internet

Internet 的中文正式译名为因特网，又叫作国际互联网。它是由使用公用语言互相通信的计算机连接而成的全球网络。

互联网实现了全球信息资源的共享，形成了一个能够共同参与、相互交流的互动平台。因此，互联网最大的成功在于对人类生活的影响，互联网的出现是人类通信技术史上的一次革命。

2. WWW

WWW(World Wide Web)是环球信息网的缩写，又称作“Web”“W3”，中文名字为“万维网”“环球网”等，常简称为 Web。Web 分为 Web 客户端和 Web 服务器程序。WWW 可以让 Web 客户端访问浏览 Web 服务器上的页面。WWW 是一个由许多互相链接的超文本组成的系统，通过互联网进行访问。在这个系统中，所有可访问的内容都称为“资源”，并且这些资源由统一资源标识符(Uniform Resource Identifier，URI)进行标识。这些资源通过超文本传输协议(Hypertext Transfer Protocol, HTTP)传送给用户，而后者通过点击链接来获得资源。

3. URL

URL(Uniform Resource Locator，统一资源定位符)其实就是 Web 地址，俗称“网址”。在万维网上的所有文件(HTML、CSS、图片、音乐、视频等)都有唯一的 URL，只要知道资源的 URL，就能够对其进行访问。每个用户都有一个门牌地址，每个网页也有一个 URL。在浏览器的地址栏中输入一个 URL 或单击一个超级链接时，就确定了要浏览的地址。例如，https://www.taobao.com 就是淘宝的网址，如图 1-4 所示。

图 1-4 淘宝的 URL 地址

4. DNS

DNS(Domain Name System，域名系统)作为因特网上域名和 IP 地址相互映射的一个分布式数据库，能够使用户更方便地访问互联网，而不用去记住能够被机器直接读取的 IP 地址。通过主机名，最终得到该主机名对应的 IP 地址的过程叫作域名解析(或主机名解析)。

5. HTTP

HTTP 是互联网上应用最广泛的一种网络协议。所有的 WWW 文件都必须遵守这个协议。

6. 文本

文本是网页上最重要的信息载体和交流工具，网页中的主要信息一般都采用文本形式。

7. 图像

图像在网页中可以直观、形象地传达信息，也可以增加网页界面的视觉冲击力，让用户获取到图文并茂的网页内容。

任务 1.3　HTML 5 简介

1.3.1　HTML 简介

HTML 的全称为超文本标记语言，是一种标记语言。它包括一系列标签，通过这些标签可以统一网络上的文档格式，使分散的 Internet 资源连接为一个逻辑整体。

超文本是一种组织信息的方式，它通过超链接方法将文本中的文字、图表与其他信息媒体相关联。这些相互关联的媒体信息可能在同一文本中，也可能在不同的文件中，或是地理位置相距遥远的某台计算机上的文件。这种信息组织方式将分布在不同位置的信息资源用随机方式进行连接，为用户查找、检索信息提供方便。

HTML 是用来标记 Web 信息如何展示及其特性的一种语法规则，它最初于 1989 年由 CERN 的 Tim Berners-Lee 发明。HTML 基于更古老的 SGML 语言定义，并简化了其中的语言元素。这些元素用于告诉浏览器如何在用户的屏幕上展示数据，所以很早就得到各个 Web 浏览器厂商的支持。

历史上 HTML 有如下版本：

(1) HTML 1.0：1993 年 6 月作为互联网工程工作小组(IETF)工作草案发布。

(2) HTML 2.0：1995 年 11 月作为 RFC 1866 发布，2000 年 6 月宣布该版本已过时。

(3) HTML 3.2：1997 年 1 月 14 日，W3C 推荐标准。

(4) HTML 4.0：1997 年 12 月 18 日，W3C 推荐标准。

(5) HTML 4.01(微小改进)：1999 年 12 月 24 日，W3C 推荐标准。

(6) HTML 5：HTML 5 是公认的下一代 Web 语言，它极大地提升了 Web 在富媒体、富内容和富应用等方面的能力，被喻为终将改变移动互联网的重要推手。Internet Explorer 8 及以前的版本不支持 HTML 5。

HTML 5 是 Web 中核心语言 HTML 的规范，用户使用任何手段进行网页浏览时看到的内容原本都是 HTML 格式的，在浏览器中通过一些技术处理将其转换成可识别的信息。HTML 5 在 HTML 4.01 的基础上进行了一定的改进，虽然技术人员在开发过程中可能不会将这些新技术投入应用，但是对于该种技术的新特性，网站开发技术人员是必须要有所了解的。

1.3.2　HTML 5 新特性

HTML 5 将 Web 带入一个成熟的应用平台，在这个平台上，对视频、音频、图像、动画及与设备的交互都进行了规范。

1. 智能表单

表单是实现用户与页面后台交互的主要组成部分，HTML 5 在表单的设计上功能更加强大。input 类型和属性的多样性大大地增强了 HTML 可表达的表单形式，再加上新增的一些表单标签，使原本需要 JavaScript 来实现的控件，可以直接使用 HTML 5 的表单来实现，如内容提示、焦点处理、数据验证等功能，也可以通过 HTML 5 的智能表单属性标签来完成。

2. 绘图画布

HTML 5 的 canvas 元素可以实现画布功能。该元素通过自带的应用程序接口(Application Programming Interface，API)结合使用 JavaScript 脚本语言，可以在网页上绘制和处理图形；实现绘制线条、弧线以及矩形的功能；用样式和颜色填充区域；书写样式化文本及添加图像；使用 JavaScript 可以控制其每一个像素。HTML 5 的 canvas 元素使得浏览器无须 Flash 或 Silverlight 等插件就能直接显示图形或动画图像。

3. 多媒体

HTML 5 最大的特色之一就是支持音频和视频，通过增加<audio>、<video>两个标签来实现对多媒体中音频、视频使用的支持。只要在 Web 网页中嵌入这两个标签，无需第三方插件(如 Flash)，就可以实现音视频的播放功能。HTML 5 对音频、视频文件的支持使得浏览器摆脱了对插件的依赖，加快了页面的加载速度，扩展了互联网多媒体技术的发展空间。

4. 地理定位

现今移动网络备受青睐，实时定位的应用越来越多，用户对其要求也越来越高。HTML 5 通过引入 Geolocation 的 API，可利用 GPS 或网络信息实现用户定位功能，且定位更加准确、灵活。HTML 5 除了可以定位自己的位置，还可以在他人对你开放信息的情况下获得他人的定位信息。

5. 数据存储

较之传统的数据存储，HTML 5 有自己的存储方式，并允许用户在客户端实现较大规模的数据存储。为了满足不同的数据存储需求，HTML 5 支持 DOM Storage 和 Web SQL Database 两种存储机制。其中，DOM Storage 适用于具有 key/value 对的基本本地存储；而 Web SQL Database 适用于关系型数据库的存储，开发者可以使用 SQL 语法对这些数据进行查询、插入等操作。

6. 多线程

HTML 5 利用 Web Worker 将 Web 应用程序从原来的单线程业务中解放出来，通过创建一个 Web Worker 对象就可以实现多线程操作。JavaScript 创建的 Web 程序处理事务都是在单线程中执行的，响应时间较长，而当 JavaScript 过于复杂时，还有可能出现死锁的局面。HTML 5 新增了一个 Web Worker API，用户可以创建多个在后台的线程，将耗费较长时间的处理交给后台而不影响用户界面和响应速度，这些处理不会因用户交互而运行中断。使用后台线程不能访问页面和窗口对象，但后台线程可以与页面之间进行数据交互。子线程与子线程之间的数据交互的大致步骤如下：

(1) 创建发送数据的子线程。

(2) 执行子线程任务，把要传递的数据发送给主线程。

(3) 在主线程接收到子线程传递回的消息时创建接收数据的子线程，然后把发送数据的子线程中返回的消息传递给接收数据的子线程。

(4) 执行接收数据子线程中的代码。

项 目 小 结

本项目介绍了 Web 的诞生、网页的相关概念以及 HTML 5 的发展历程；此外，还介绍了 HTML 5 的基本知识、建立的规则和一些新特征。通过本项目的学习，读者能够简单地认识网页，了解网页的主要构成元素，为开发、制作网页奠定基础。

项 目 习 题

一、填空题

1. 网站由网页构成，并且根据功能的不同，网页又有_______和动态网页之分。

2. Web 标准是一系列标准的集合，主要包括结构、_______和_______。

3. HTML 中文译为_______，主要是通过 HTML 标记对网页中的文本、图片、声音等内容进行描述。

4. HTML 语言主要通过_______对网页中的文本、图片、声音等内容进行描述。

5. 在网站建设中，HTML 用于搭建页面结构，CSS 用于设置页面样式，_______用于为页面添加动态效果。

二、判断题

1. 因为静态网页的访问速度快，所以现在互联网上的大部分网站都是由静态网页组成的。(　　)

2. 网页主要由文字、图像和超链接等元素构成，但是也可以包含音频、视频以及 Flash 等。(　　)

3. HTTP 是一种详细规定了浏览器和万维网服务器之间互相通信的规则。(　　)

4. 在网站建设中，JavaScript 用于搭建页面结构。(　　)

5. 实际网页制作过程中，最常用的网页制作工具是 Dreamweaver。(　　)

项目 2　UI 设计规范

学习目标

- 了解 iOS 系统与 Android 系统
- 了解并掌握网页的设计布局原则
- 了解并掌握网页设计规范

课堂思政

没有规矩不成方圆。我们在做 UI(User Interface，用户界面)设计时，首先要了解设计规范和要求，这样做出的界面不仅可以呈现良好的视觉效果，还可以给用户带来简易、方便、规范的交互操作。

做任何事情都要有一定的规则、方法，否则无法成功。这就是常说的“国有国法，家有家规”。无论一个国家、一个家庭还是一个企业，都要有一定的做事标准、规范和制度，做任何事情都要按照这些要求来做，这样才能维护正常的运转秩序，社会、企业、家庭才能和谐、稳定地发展。

任务 2.1　了解 iOS 系统与 Android 系统

iOS 是苹果公司开发的操作系统，易操作性是 iOS 系统最大的特点。苹果公司一直引领 UI 设计的方向，2013 年苹果推出的“扁平化”设计，迅速普及到其他操作系统的 UI 设计中，各大 APP 也纷纷采用，推出全新的界面。至今，“扁平化”设计仍然是 UI 设计的主流风格。

Android 是由谷歌公司开发的基于 Linux 的自由及开放源代码的操作系统。Android 的界面不像 iOS 那样统一，它会有许多的变化。虽然同样是基于 Android 系统，但不同的品牌厂商会在此基础上进行一定的优化和再开发，形成自身的主题系统，如小米公司的 MIUI 系统。不同品牌的 Android 手机，其主题和交互方式也有所区别。Android 的设计相对灵活，不必完全拘泥于设计规范，但基本的设计规范仍然需要掌握。规范化能保障体验的高度一致，可以有效降低开发成本。

任务 2.2　UI 设计布局原则

1. 网页主要构成元素

网页设计也称为 Web Design、网站设计、Website Design、WUI 等。网站是由不同网页通过超链接连接而成的，而不同的网页也由不同的模块组成。因此，在设计网站时，要考虑从用户角度出发看到的网站，而不能孤立地把它想象成一个平面作品。从网站的逻辑结构来看，网站由首页和子页面组成；从网站的内容来看，一般网站的页面都由文字、图像、超链接、表格、表单、动画等组成。

2. 网页布局结构

网页布局就是指以最适合用户浏览的方式将图片和文字排放在页面的不同位置。

一般来说，网页设计的关键在于网站首页的布局。网站首页布局主要指首页的框架和排版。首页的布局设计以简单大气为主，将重要的内容展示给用户。根据屏幕的大小划分模式，并呈现在屏幕或半屏幕显示器中，然后根据重要性从上到下、从左到右进行页面布局，可以使网站页面的设计更加合理，以此来满足大多数用户的浏览习惯。对于一个网站来说，首页排版和布局的原则有以下几条：

(1) 符合用户审美。当用户访问网站时，首先向用户显示的是网站首页，用户会根据第一印象进行判断。网站首页布局应设计合理，首页布局中的文本大小和颜色匹配应适当，并且网站的核心内容应被显示。首页的布局需要适当留空，使其看起来内容简洁，框架清晰，以满足用户的审美需求。

(2) 合理设计横幅图片。大多数企业网站都会在首页中设计横幅，即在首页的顶部设计一个轮播的横幅图片，并添加超链接，单击超链接跳转到相应的页面。横幅通常会出现在头版。每个横幅最大的区别是设计尺寸，有的是全屏，有的是标准宽度即 1000 px，有的是小尺寸。不同大小可根据整体风格进行调整。横幅中的图片可以根据企业的当前或未进行的活动进行设计。

(3) 精心设计栏目布局。在设计网站首页时，首先要考虑的是栏目的布局和栏目的标题。首页上有许多内容，如产品图样、文字介绍、视频、动态效果等。产品图样应该有统一的尺寸标准；而文本显示应该有统一的字体大小和颜色；图片和文本应与内容相匹配。因此，在栏目布局中，需要合理地整合文字和图片，并且以用户的理念来设计网站。

(4) 突显重点内容。首页的合理布局主要是突出重点内容。例如，一些网站重点突出企业理念，一方面突出产品，另一方面突出实力。建议在设计网站时不要把所有的内容都放在首页上，因为这样很容易对用户造成视觉疲劳，而且不能突出网站重点。设计师应该注意首页的内容，把想突出显示的内容和对用户有用、有价值的内容放在前面。这样,当用户打开网站时，一眼就能看到这些内容，使首页的整体布局和内容简洁明了。

UI 设计布局的四大原则是对齐、对比、亲密性和重复。一个好的版式设计，一定是疏密有致的，蕴含有大小对比及重复、对齐的关系，这样才能做到版面结构的层次分明，在视觉上显得清晰而不紊乱，用户才会有兴致阅读下去。

任务 2.3　常见尺寸规范

1. 常见尺寸

根据目前的数据显示，我国网民访问 PC 网页的主流设备分辨率为 1920 × 1080 px，绝大部分的屏幕分辨率都已经超过了 1366 × 768 px，在适配网页时则不需要对 1366 px 宽度以下的尺寸做特殊处理。由此可见，目前 1920 px 是 PC 端网页设计的标准，所以建议创建网页时宽度设置为 1920 px，页面中心区域常设置为 1200 px(或 1000～1400 px)，这也是网页的安全宽度，以这个尺寸来设计相对标准。换句话说，只要保证网页的实际内容展示区域控制在 1200 px 范围内，就能保证整个页面在不同尺寸的浏览器访问时能够完整地显示出所有的内容。

注意：在设计网页时，不能将页面的实际显示内容的区域(也称为安全区)等同于上限看待。需考虑在部分浏览器中滚动条本身也需占据一定的宽度，因此过分的贴边或接近于整个屏幕的设计是不被推荐的。

2. 文字规范

文本的密度是指在一个区域中放置的文字量。文本密度对内容的可读性有重大影响。密度受间距选项的影响，如行高、字母间距和文字大小。如果能在这些内容之间找到平衡，既不太紧凑也不太宽，那么网页将拥有完美的可读性和可浏览的文本密度。

(1) 行高和行长。

行高是指各个文本行之间的间距。行高是影响正文文本甚至标题可读性的另一个因素。适当的行高在网页设计中显得尤其重要，因为它能使文本更易浏览。行高太小会导致用户在阅读时用眼过度；如果太大，则文本看起来像独立的内容，而不是一组内容。

行长指的是每行的字数，合适的行长使用户的眼睛能够轻松自然地从上一行的末尾过渡到下一行的开始。

(2) 字符间距。

与行高一样，字符间距也会影响 Web 排版的可读性。字符间距是单词中每个字母之间的空格。在任何文本中，字符间距都是影响文本易读性的明显因素。通常除了特殊的需求之外，都可以使用默认数值的间距。行间距推荐以字体大小的 1.5～2 倍作为参考；段间距推荐以字体大小的 2～2.5 倍作为参考。也就是说，当用 14 px 的字体时，行间距可设置为 21～28 px，段间距可设置为 28～35 px。

(3) 网页中的字体。

网页中字体也是有使用规范的，合适的字体大小才能展现出完美的效果。字体在网页设计中扮演了一个相对重要的角色，所以在网站中，选用什么样的字体也是一个相对比较重要的工作。字体优先使用各操作系统默认的字体，选择具有版权、笔画严谨、清晰可读的经典字体。如果不是常用字体，为了保证所有浏览器都能正确显示，需要制作成图像。字体规格也不需要太多，最多使用 3 种混搭。层次的区别，可以用改变字体颜色或加粗来体现。

网站的字体大小并没有硬性规定具体的字号，可以根据实际情况酌情考虑，但要使用偶数字号。正文采用的字号为 12～18 px。12 px 是应用于网页的最小字体，适用于非突出性的日期、版权等注释性内容；14 px 则适用于非突出性的普通正文内容。英文可偏小些，一般为 10～16 px。导航栏字体大小一般为 14～18 px，最大不超过 18 px。整站文字的大小为 12～36 px。

西文字母体系分为衬线字体(serif)和无衬线体(sans serif)两类。衬线字体是在字的笔画开始、结束的地方有额外的装饰，而且笔画的粗细会有所不同；无衬线字体则没有这些额外的装饰，且笔画的粗细差不多。衬线字体容易识别，它强调了每个字母笔画的开始和结束，因此易读性比较高；而无衬线体则比较醒目。在整文阅读的情况下，适合使用衬线字体进行排版，其易于换行阅读的识别性可避免发生行间的阅读错误。

网页设计中常用的中文字体有微软雅黑、黑体、华文细黑和宋体，英文字体有 Arial、Tahoma、Helvetica 和 Georgia。

(4) *字体颜色。*

主文字颜色建议使用公司品牌的 VI 颜色(VI 颜色即代表公司的主色彩，也是标准色)，可提高公司网站与公司 VI 之间的关联，增加可辨识性和记忆性。

正文字体颜色建议选用 #333333～#666666 的颜色；辅助性的、注释类的文字，则可以选用 #999999 之类的比较浅的颜色。图 2-1 所示为字体颜色(可扫图旁二维码查看彩图，后同)。

标题文字主色 #333333　内容文字主色 #666666　注释文字 #999999　辅助性文字 #CCCCCC　辅助线颜色 #E5E5E5　背景颜色 #F9F9F9

图 2-1　字体颜色

另外，可以选用与公司品牌色相类似的深色，作为正文字体颜色或者辅助性文字颜色。例如，公司的品牌色是蓝色，那么正文字体就可以选用偏蓝的深色。这样处理之后，文字就带有了环境色，网站整体色调将更加和谐。

项 目 小 结

本项目主要介绍了 iOS 系统与 Android 系统、网页的主要构成元素、网页布局的原则和网页的设计规范。通过本项目的学习，读者能够根据既定的网站需求，运用基本的设计规范进行高效的网页设计制作。

项 目 习 题

一、填空题

1. 网页上的图片最好采用________和________两种格式，它们体积小、压缩比例较高，方便网络传输。

2. ________可以体现网站特色和内涵，一般放在主页上，可以是英文字母，也可以是图案或者其他特殊符号。

3. 从技术角度出发，可以将网站分成________、________、________三大类。

4. 网页版式的构成要素主要有________、网页标题、____________、____________、多媒体、色彩、字体等。

5. 各种网页元素进行有机组合，就是______________。所谓有机组合，通常指网页版式____________与____________的统一。

二、选择题

1. 下面关于页面的背景和风格的设置说法错误的是(　　)。

A. 在页面的属性中一般定义页边距为0

B. 可以设置页面的背景图片

C. 页面的背景图片一般选择显眼的图像，特别是大型网站

D. 页面的风格一般根据网站的主题而定

2. 下面是JPEG格式支持的选项是(　　)。

A. CMYK　　B. RGB　　C. 灰度颜色模式　　D. 透明度

3. (　　)是网页上最活跃的元素。

A. 动画　　B. 文字　　C. 表格　　D. 图片

4. (　　)是一种无显示质量损耗的文件格式，存储形式丰富，兼有GIF和JPEG的色彩模式。

A. TIFF　　B. SVG　　C. PNG　　D. BMP

5. (　　)是整个网站的通道，它是把网页指向另一个目的端的链接。

A. 图像　　B. 浏览器　　C. 超链接　　D. 站点目录

6. 以下(　　)是网站界面设计应遵循的原则。

A. 用户导向原则　　B. 简洁易操作原则　　C. 和谐与一致性　　D. 以上都是

7. (　　)格式用于网页中的图像制作。

A. EPS　　B. DCS2.0　　C. TIFF　　D. JPEG

8. (　　)不属于UI设计范畴。

A. 网页设计　　B. 手机界面设计　　C. 户外海报设计　　D. 软件界面设计

9. 网页设计Web UI中，针对现在主流浏览器的大小设定，最常见的页面宽度为(　　)。

A. 960 px、970 px、980 px、990 px、1000 px

B. 1680 px、2400 px、3200 px

C. 180 px、240 px、360 px、400 px

D. 无相关具体数值要求

10. (　　)是版式设计中最常见的方式，也是最符合视觉心理学，阅读最舒服的方式。

A. 左对齐　　B. 右对齐　　C. 居中对齐　　D. 两端对齐

三、简答题

1. 根据你对网站界面设计的了解，简要列举出网站界面设计应遵循的原则。

2. 简述网页版式设计的流程。

3. 怎么才能让我们的网页设计作品在细节之处都做到极致，让画面更耐看，更有层次？

项目3　色　　彩

学习目标

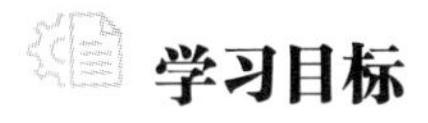

- 了解并掌握色彩的基本知识
- 了解网页颜色的作用
- 掌握网页色彩搭配原则

课堂思政

在网页中，色彩是首先映入眼帘的元素，最能引起人的心境共鸣和情绪认知。每一种颜色都具有独特的性格，如红色会给人带来喜庆、团圆、成功，是象征热情、自信、健康、充满朝气的色彩。在网站设计中应用红色，则容易给人带来兴奋、激动的感觉。

在中国传统文化中，中国红通常适用于重要事件及重要场所，它象征庄严、尊贵、权威；在婚庆喜事中，象征喜庆、吉祥；在传统节日中，象征吉利，如春节中的红对联、红窗花、红灯笼等。

任务 3.1　色彩的基本知识

1. 色彩三要素

大自然为何是五彩斑斓的？这是因为光照射到物体表面时会发生反射，产生各种色彩。人的眼睛通过感知光的波长来识别颜色。如绿色的草坪，太阳光照射到它时，它会反射出绿色的光线进入人的眼睛，刺激视觉神经从而让人们感受到色彩。光谱中的大部分颜色是由红(Red)、绿(Green)、蓝(Blue)三种基本色按照不同的比例混合而成的。当这 3 种颜色以相同的比例混合且达到一定的强度时，就呈现白色(白光)；若 3 种光的强度均为零，就是黑色，这就是加色法原理。

色彩分为无彩色和有彩色两大类，前者如黑、白、灰；后者如红、黄、蓝等七彩色。有彩色就是具备光谱上的某种或某些色相，统称为彩调。与此相反，无彩色没有彩调，无彩色有明有暗，表现为白、黑，也称色调。

有彩色表现很复杂，但可以用三组基本特征值来确定。其一是彩调，也就是色相；其二是明暗，也就是明度；其三是饱和度，也就是纯度。色相、明度、饱和度称为色彩的三属性。

- 色相(Hue)，简写为 H，表示色的特质，是区别色彩的必要属性，如红、橙、黄、绿、青、蓝、紫等。色相和色彩的强弱及明暗没有关系，只是纯粹表示色彩相貌的差异。

• 明度(Value)，简写为 V，表示色彩的亮度，即色彩的明暗度。不同的颜色，反射的光量强弱不一，因此会产生不同程度的明暗。

• 饱和度(Chroma)，简写为 C，表示色的纯度，即色彩的饱和度。具体来说，是表明一种颜色中是否含有白或黑的成分。假如某颜色不含有白或黑的成分，便是纯色，饱和度最高；含有越多白或黑的成分，其饱和度越低。

2. 色彩特性

研究表明，色彩能给人的心理带来刺激，能影响人们的情绪。例如，在红色环境中，人的心跳加快，情绪兴奋激动。正是由于色彩对人类心理的情绪化作用，色彩在网页设计中起着举足轻重的作用。

不同的颜色给人带来不同的心理感受。好好利用每一种颜色的特性，将其在网页设计中呈现出来。不同的行业也有自己特定的色彩，例如，环保、林业行业网站大多喜欢绿色，医疗保健、航空行业网站喜欢使用蓝色。网站设计不但要基于颜色的特性，还需要和行业的惯用色彩、企业的标准色等相关联。

各种色彩的象征意义如下：

(1) 红色：象征热情、自信、健康、愤怒，是充满朝气的色彩，在网站设计中应用红色，容易给人带来兴奋、激动的感觉。

(2) 橙色：象征活泼、华丽、辉煌、炽热，是充满温暖的色彩，让人联想到金色的秋天和丰硕的果实，给人带来幸福而快乐的感觉。

(3) 黄色：象征灿烂、明朗、幸福、阳光，给人带来希望和活力的感觉。

(4) 绿色：象征清新、和平、柔和、青春、安全、理想、让人感觉富有生命力。

(5) 蓝色：象征深远、永恒、沉静、理智、诚实、寒冷，企业网站设计常常会使用蓝色来传递自信和让人信赖的感觉。

(6) 紫色：象征优雅、高贵、魅力，与皇室、财富关联密切，这也是代表神秘和魅力的色彩。

(7) 黑色：象征崇高、严肃、刚健、坚实、沉默、黑暗、罪恶，虽然和死亡、悲剧有关，但是也能营造沉稳大气的高级感。

(8) 白色：象征纯洁无瑕、朴素、神圣、明快、柔弱，能传达出高雅、纯粹和清晰的感觉。

任务 3.2 网页设计色彩

企业的品牌决定了色彩的定位。大多数的企业是先有品牌然后有网站的，因此在网站的设计制作中，需要特别尊重品牌的颜色设计。

(1) 信息的重要性靠色彩凸显。网站是传递信息的，信息传递的受众是用户，网站需要靠设计来提醒用户，一个有效的方式就是在色彩上做足文章，将重要的内容用色彩凸显出来。

(2) 网站图片的颜色使用要与网页风格保持一致。图片和色彩搭配有时候会混淆，让人感觉网站的色彩其实是图片带来的。网站确定色彩背景之后采用的图片，无论是产品信息，还是内容资讯插入的图片，在保护版权的同时，还要注意图片的颜色是否与网站风格统一，风格统一才能给用户带来良好的体验。

(3) 限制使用颜色的数量。当网站确定一种色调之后，搭配的颜色通常不会超过两种。通过限制色彩的数量，更能集中凸显网站的个性，使网站的定位越发精确化，同时使整个网站形成一个统一的整体。

任务 3.3　色彩搭配原则

网站配色除了要考虑网页自身特点外，还要遵循相应的配色原则，避免盲目地使用色彩造成网页配色过于杂乱。Web 前端网页配色原则包括使用网页安全色和遵循配色方案。

1. 使用网页安全色

不同的平台(如 Mac、Windows 等)有不同的调色板，不同的浏览器也有自己的调色板。这就意味着对于一幅图，显示在 Mac 上的 Web 浏览器中的图像，与它在 Windows 上相同浏览器中显示的效果可能差别很大。选择特定的颜色时，浏览器会尽量使用本身所用的调色板中与之最接近的颜色。如果浏览器中没有所选的颜色，就会通过抖动或者混合自身的颜色来尝试重新产生该颜色。为了解决 Web 调色板的问题，人们一致通过了一组在所有浏览器中都类似的 Web 安全颜色。216 种网页安全色是指在不同的硬件环境、不同的操作系统、不同的浏览器中都能正常显示的颜色集合。也就是说，这些颜色在任何终端浏览用户显示设备上的现实效果都是相同的。

看颜色是否为网页安全色的方法是观察编码的组合，三原色(RGB)色彩的十六进制值为 00、33、66、99、CC 和 FF。这种基本的 Web 调色板将作为所有的 Web 浏览器和平台的标准，它包括了这些十六进制值的组合结果。因为组合潜在的输出结果包括 6 种红色调、6 种绿色调、6 种蓝色调、6 × 6 × 6 的结果就有 216 种特定的颜色。这 216 种颜色就可以安全地应用于所有的 Web 中，而不需要担心颜色在不同应用程序之间会发生变化。

注意：随着显示设备精度的提高，许多网站设计已经不再拘泥于选择安全色，经常利用其他非网页安全色展现新颖独特的设计风格，所以设计师并不需要刻意地追求使用在216种网页安全色范围内的颜色，而是应该更好地搭配使用安全色和非安全色。

2. 网页配色方案

网站的色彩选用只有遵循一定的配色原则，网站才能出彩。色彩是人的视觉最敏感的东西，网页色彩处理得好，可以锦上添花，达到事半功倍的效果。但是，色彩搭配一直以来是比较主观的事情，就是常说的凭“感觉”，而每个人对于色彩的感觉都是不同的。

网页色彩搭配原理是：

(1) 鲜明性：网页的色彩要突出，这样容易引人注目。

(2) 独特性：要有与众不同的色彩，使得大家对网站印象强烈。

(3) 合适性：色彩和要表达的网站内容气氛适合。

(4) 联想性：不同色彩会产生不同的联想。例如，由蓝色想到天空，由黑色想到黑夜，由红色想到喜事等。

以 24 色相环为例，任何一色作为基色都可以把色相相对地分为同类色、类似色、邻近色、中差色、对比色、互补色等类别。常用的网页设计配色有同类色、邻近色和对比色。

(1) 使用同类色。同类色是指 24 色相环上距离基色 15 度的颜色。同类色是色相一致，但是饱和度和明度不同的颜色。尽管在网页设计时要避免采用单一的色彩，以免产生单调的感觉，但通过调整色彩的饱和度和明度也可以产生丰富的色彩变化，可使网页色彩避免单调。

(2) 使用邻近色。邻近色是指 24 色相环上距离基色 60 度的颜色。邻近色的色相彼此近似，冷暖性质一致。例如，朱红色与橘黄色，朱红色以红色为主，里面含有少量黄色；而橘黄色以黄色为主，里面含有少量红色。朱红色和橘黄色在色相上分别属于红色系和橙色系，但是二者在视觉上却很接近。采用邻近色设计网页可以使网页达到和谐统一，避免色彩杂乱。

(3) 使用对比色。对比色是 24 色相环上距离基色 120 度的颜色。对比色包含色相对比、明度对比、饱和度对比等。例如，黑色与白色、深色与浅色均为对比色。对比色可以突出重点，产生强烈的视觉效果。在设计时以一种颜色为主题色，对比色作为点睛色或辅助色可以起到画龙点睛的作用。

注意：网页色彩应尽量控制在 3 种以内，太多则让人眼花缭乱。标准色彩即主色用于网站的标志、标题、主菜单和主色块。其他色彩只是作为点缀和衬托，绝不能喧宾夺主。背景和前文的对比尽量要大，以便突出主要文字内容，不要使用花纹繁复的图案作背景。

项 目 小 结

本项目主要介绍了网页设计中的色彩基础知识，了解了网页设计色彩，掌握网页色彩搭配原则，充分理解在网页设计中的色彩运用。

在网页中，色彩是首先映入眼帘的元素，最能引起人的心境共鸣和情绪认知。三原色能调配出非常丰富的色彩，色彩搭配更是千变万化。设计配色时，首先了解设计背后的立足点，进行需求分析，我们可以摒弃一些传统的默认样式，思考色彩对页面场景表现、情感传达的作用，从而有依据、有条理、有方法地构建色彩搭配方案。

项 目 习 题

一、填空题

1. 可见光谱中的大部分颜色可以由 3 种基本色光按不同的比例混合而成，这 3 种基本色光的颜色就是__________、__________、__________三原色光。

2. 在 HTML 语言中，色彩是用 3 种颜色的数值表示的。例如，蓝色是 color(0, 0, 255)，十六进制的表示方法为__________。

3. 在色环图中，红色的对比色是__________，红色的邻近色是__________。

二、选择题

1. 决定颜色特质的是(　　)。

A. 饱和度　　B. 色相　　C. 色调　　D. 明度

2. 给人快乐、希望、智慧、轻快的心理感受的颜色是(　　)。

A. 红色　　B. 绿色　　C. 蓝色　　D. 黄色

3. (　　)属于蓝色的色彩语言特点。

A. 温暖　　B. 冷静　　C. 睿智　　D. 高深

4. 色彩混合可分为(　　)、(　　)、(　　)三大类。

A. 变化混合　　B. 色光混合　　C. 颜料混合　　D. 中性混合

5. 色彩中最为被动的颜色是(　　)，属中性色，有很强的调和对比作用。

A. 橙色　　B. 灰色　　C. 黑色　　D. 白色

6. 下列色相环中，色相关系对比最强烈，配色能给人饱满、活跃、生动、刺激的强烈感受的是(　　)。

A. 类似色相　　B. 邻近色相　　C. 互补色相　　D. 对比色相

7. 关于对比色相，下列说法正确的有(　　)。

A. 指色相相距120度左右的色相之间形成的关系

B. 给人鲜明生动、强烈兴奋的感觉

C. 黄色和绿色是对比色相

D. 红色和蓝色是对比色相

8. 色彩的华丽与朴实的情感因素与色彩三属性有直接关系，其中与纯度关系最大、明度高、纯度高、对比强的色彩感觉华丽、辉煌，明度低、纯度(　　)、对比弱的色彩感觉质朴、古雅。

A. 低　　B. 中　　C. 高　　D. 相同

9. 色相对比规律包括(　　)。

A. 同类色对比　　B. 邻近色对比　　C. 对比色对比　　D. 互补色对比

10. 下列无法帮助加强色彩对比的方法的是(　　)。

A. 色相互补　　B. 明度差异大　　C. 色相邻近　　D. 饱和度差异大

三、简答题

1. 简述在网页设计中如何将色彩数字化。

2. 色彩的冷暖对网页设计产生什么样的作用？

项目 4　Web 网页设计

学习目标

- 掌握构建网页基础框架的方法
- 熟悉网页设计的工作流程
- 掌握低保真原型的设计方法
- 掌握高保真效果图的制作方法

任务 4.1　哆哆课堂网页设计

1. 项目背景

哆哆课堂是专业在线教育平台，致力于采用互联网的方式，实现个人终身学习。它立足于实用性的需求，将优质的教育内容创作者聚集在一起，为互联网时代的学习者提供在线教学并与学生及时互动的学习环境，同时，哆哆课堂提供一站式全方位的专业教育服务，整合了大量优质教育机构和名师的课程资源。它帮助用户成长，满足用户随时随地学习的需求，为用户提供丰富的学习体验。

哆哆课堂 Web 首页效果扫描二维码即可查看，子页面的结构和首页相似，所以本任务将重点讲解首页的设计。图 4-1 所示为哆哆课堂 Web 首页效果。

图 4-1　哆哆课堂 Web 首页效果

2. 项目结构

哆哆课堂 Web 网页设计项目包含草图设计、低保真模型设计、高保真视觉稿设计三部分内容，如图 4-2 所示。

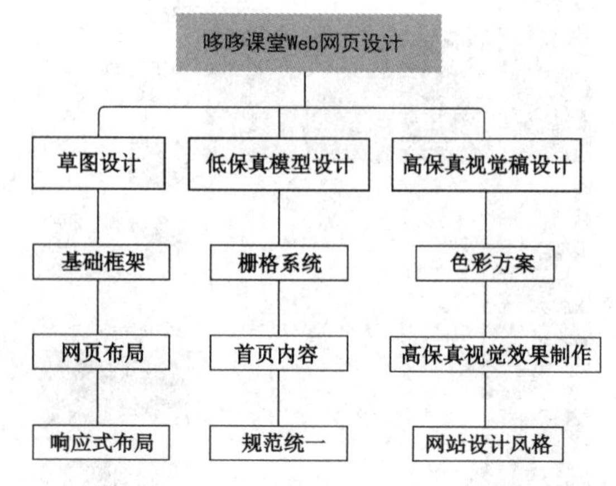

图 4-2 哆哆课堂 Web 网页设计项目结构

3. 项目软件

网站建设中通常需要使用到如图 4-3 所示的各种软件。在设计初期，通常会根据网站的需求进行分析并构思草图。绘制哆哆课堂首页的框架草图，团队组会经过头脑风暴选出适合的想法。图 4-4 呈现的是哆哆课堂首页框架草图。一般在原型工具图软件中绘制线框图，规划信息的层次结构，将内容分组，并突出核心功能。在与客户进行沟通之后，设计高保真视觉稿，并且交互实现 demo 与视觉汇集到一起，构建成高保真效果图，最后进行效果图的切图和标注。

图 4-3 网站建设常用软件

从哆哆课堂网页制作流程的方式可以看出，对于产品的输出设计师一般要完成线框图、原型图、视觉稿三个部分的界面制作。这三个部分的区别如图 4-5 所示。(扫描图旁二维码可查看原图，后同)

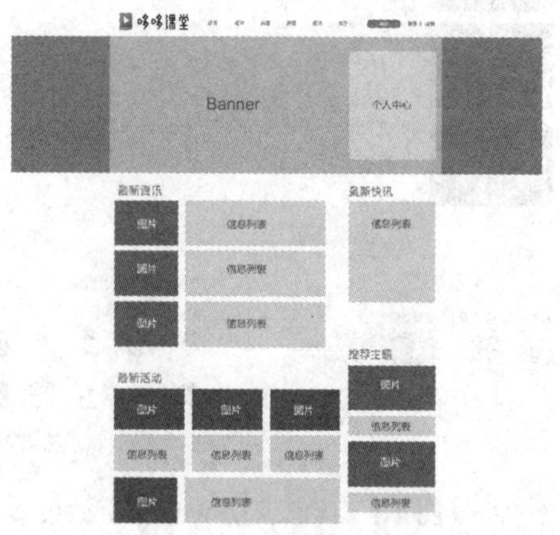

图 4-4　哆哆课堂首页框架草图

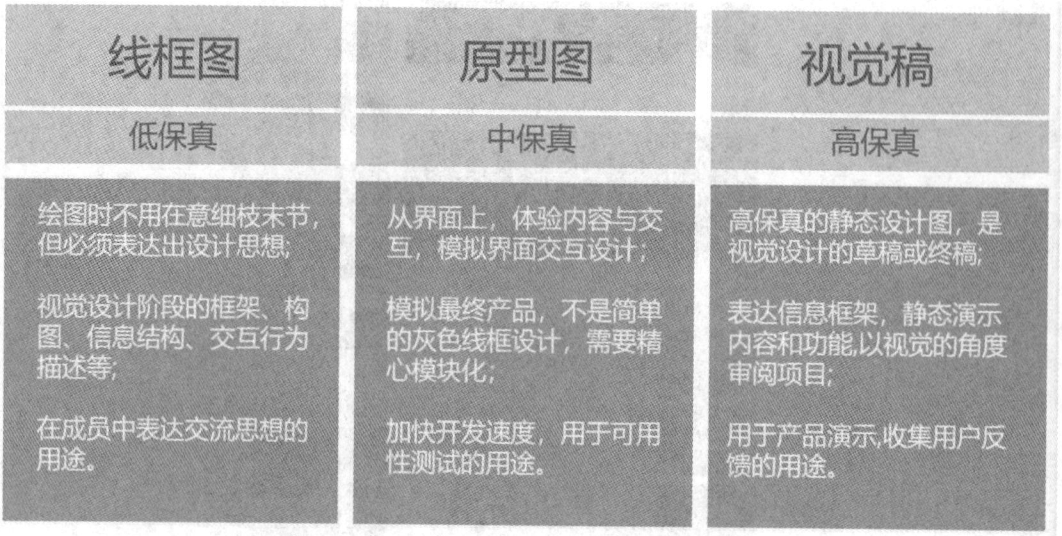

线框图	原型图	视觉稿
低保真	中保真	高保真
绘图时不用在意细枝末节，但必须表达出设计思想； 视觉设计阶段的框架、构图、信息结构、交互行为描述等； 在成员中表达交流思想的用途。	从界面上，体验内容与交互，模拟界面交互设计； 模拟最终产品，不是简单的灰色线框设计，需要精心模块化； 加快开发速度，用于可用性测试的用途。	高保真的静态设计图，是视觉设计的草稿或终稿； 表达信息框架，静态演示内容和功能,以视觉的角度审阅项目； 用于产品演示,收集用户反馈的用途。

图 4-5　线框图与原型图、视觉稿的区别

(1) 线框图阶段。线框图(Wireframe)以简洁的形式表示产品、界面或网站结构和布局，通常用于产品原型、界面设计和网站架构阶段。它可以帮助团队成员和利益相关者更好地理解产品或界面的基本结构，线框图不同于高保真设计稿或最终视觉设计，而是一个抽象化、简化的表达方式，重点在于功能和布局而非具体样式。

(2) 原型图阶段。原型图(Protograph)通常与线框混淆，是产品最终的中高保真度设计图，代表最终产品，模拟交互设计。原型图应该尽量在体验上和最终产品保持一致。但原型图不是最终设计稿，当有需求需要修改，或者逻辑交互不符合需求时，修改起来也是比较方便，不会很麻烦，能够在开发前排除相当一部分的潜在问题和故障。原型图的直观性和易懂性使它成为相较于其他交流媒介最高效的设计文档。

(3) 视觉稿阶段。视觉稿(Mockup)是高保真的静态设计图，它是在草图、线框图以及原型图的基础上发展起来的。视觉稿阶段就是要根据原型图确定的内容和大致版式完成网站的界面设计。视觉稿又可以成为产品的demo，除了没有真实的后台数据进行支撑外，几乎可以模拟前端界面的所有功能，完全是一个高仿产品。

任务 4.2　哆哆课堂网页低保真原型设计

本任务将详细讲解哆哆课堂 Web 首页的线框图(低保真原型)的设计。网页设计的软件很多，在本案例的讲解中所使用的软件为 Photoshop。图 4-6 所示为哆哆课堂的线框图架构。

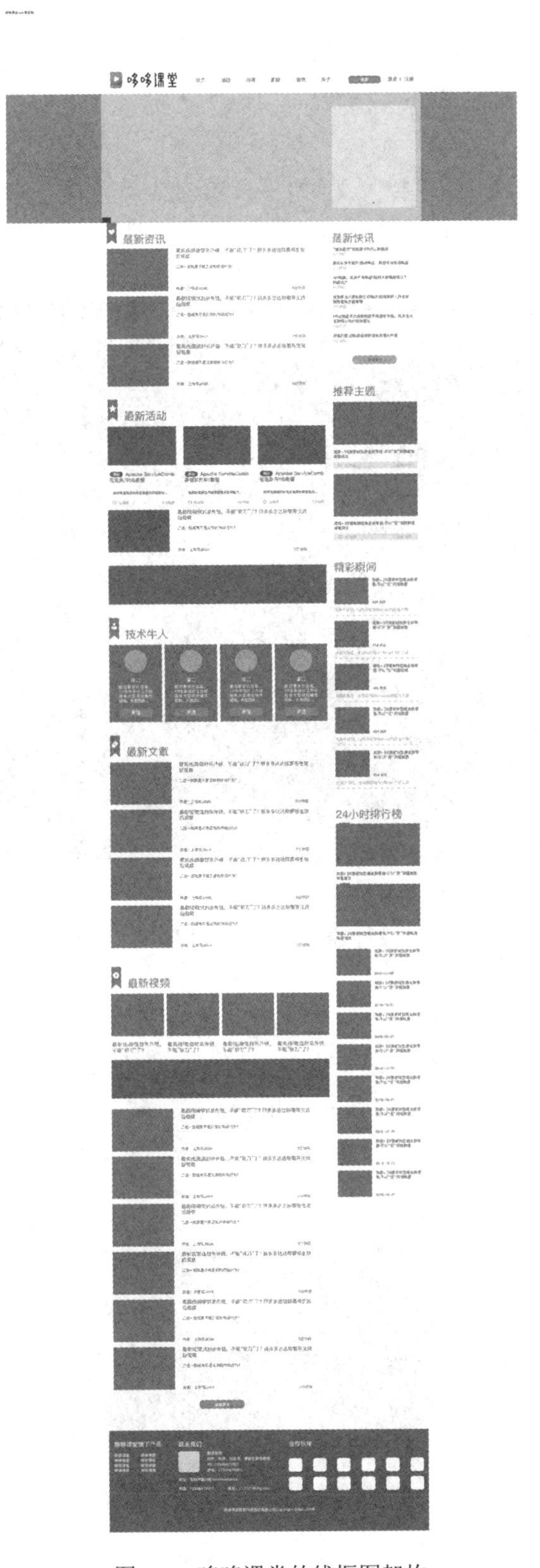

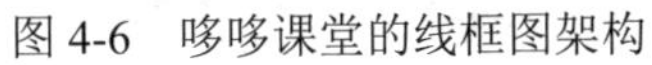
图4-6　哆哆课堂的线框图架构

1. 建立网格

以分辨率为 1440 px × 900 px 大小的屏幕为基准建立同等大小的画布，取 1200 px 作为网页的安全宽度，建立栅格(网格参考线)。

2. 建立画布

打开 Photoshop CC 软件，选择“文件”→“新建”菜单命令，打开“新建文档”窗口，然后选择“Web”选项卡中的“1440 × 900 px@72ppi”选项，将初始高度设置为 4000 px，如图 4-7 所示。

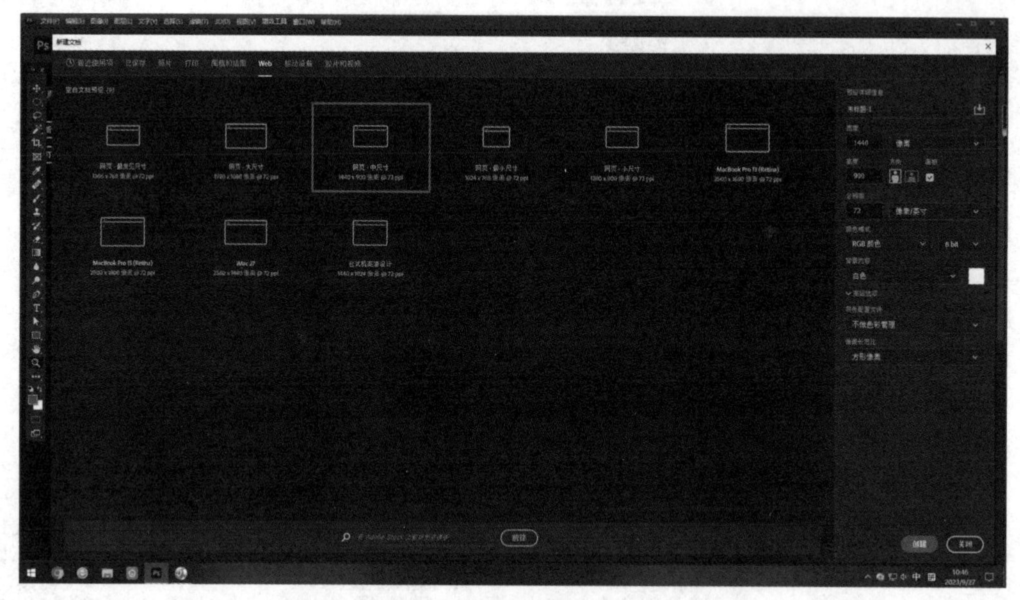

图 4-7 建立画布

注意：使用 Photoshop 做网页设计稿，需要将 PSD 文件的分辨率设置为 72 px/in (ppi)。

3. 建立网页栅格(宽度参考线)

在 Photoshop CC 中选择“视图”→“新建参考线版面”菜单命令，将安全宽度设置为 1200 px，宽度为 1440 px 的文档，安全内容区域左右两边的间距是 120 px，右边距因为有 20 px 的沟槽，所以设置为 120 px + 20 px = 140 px。然后建立一个 15 列的网格，每列网格之间的留白空间宽度(沟槽)为 20 px。将数字填写到对应的对话框表单内，即可创建标准的纵向(垂直)参考线，如图 4-8 所示。

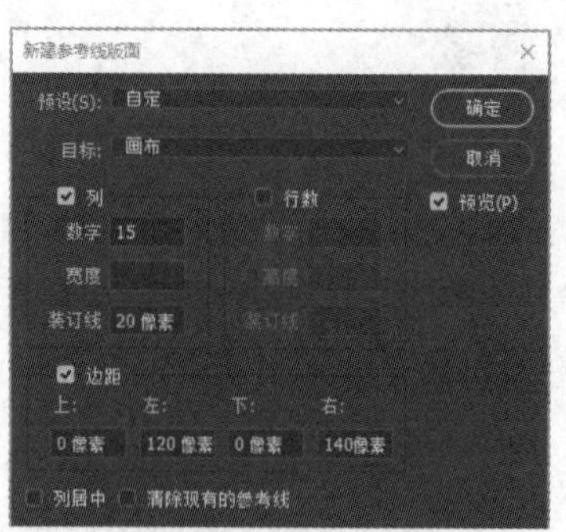

图 4-8 建立网页栅格

(1) 首屏。

首屏包含三部分，第一部分是 Logo、搜索条等，这部分是 1440 px × 80 px 的白色底；第二部分是位于首屏中间的 banner，这部分的大小是 1440 px × 480 px，banner 中个人信息模块部分的大小是 414 px × 480 px，第三部分是 banner 下面的导航。

使用“矩形工具”命令绘制一个大小为 1440 px × 80 px 的白色色块，如图 4-9 所示。在矩形的“属性”面板中设置坐标为(0, 0)，即可对齐画布最顶端的左边顶点，如图 4-10 所示。

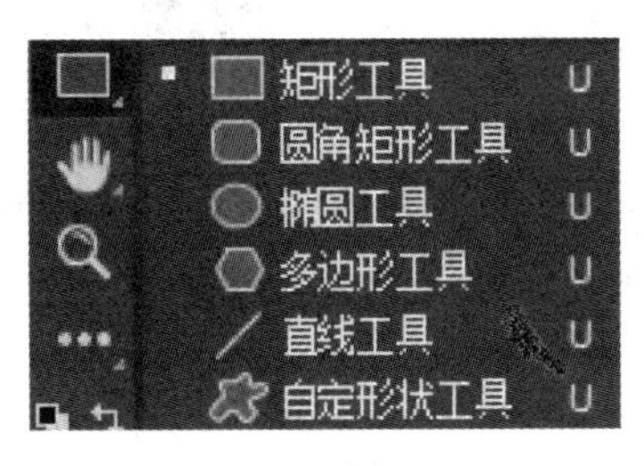

图 4-9　矩形工具

图 4-10　设置矩形的属性

在该色块左边添加图形标志 Logo，并在画布靠右使用“圆角矩形工具”绘制一个大小为 120 px × 28 px、圆角“半径”为 10 px 的搜索栏，并添加“搜索”文字，如图 4-11 所示。

图 4-11　首页的 logo 部分

使用“矩形工具”绘制一个大小为 1220 px × 480 px 的灰色色块，这个色块在视觉设计阶段将直接用作“剪贴蒙版”放置外部图像同时也作为网页的 banner。在矩形的“属性”面板中设置坐标为(458，120)，使它位于白色色块的下面，如图 4-12 所示。

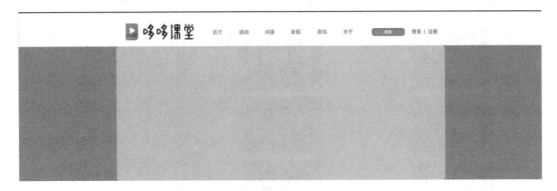

图 4-12　添加 banner

在 banner 色块的右边使用“矩形工具”绘制一个白色色块，作为个人中心的展示，添加的内容和参数如图 4-13 所示。

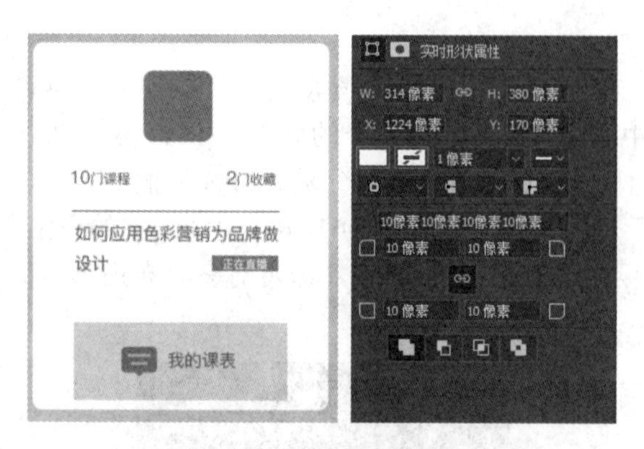

图 4-13　个人中心及个人中心参数设置

最后创建文字内容，选中的文字下面有一条加粗的下画线，在此处添加相应的文字内容。最终的首屏效果如图 4-14 所示。

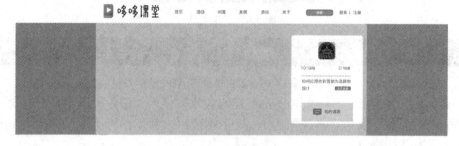

图 4-14　首屏效果

(2) 第 2 屏。

第 2 屏是“最新资讯”和“最新快讯”，整体布局分为左右两部分。左边是最新资讯的图片、资讯信息等；右边则是滚动更新的最新快讯信息和文字列表等。首先制作左边的部分，使用“矩形工具”绘制 3 个大小为 228 px×158 px 的色块作为图片信息呈现部分。左上角的 tips 则绘制 48 px×80 px 的标旗图形。效果如图 4-15 所示。

在最新资讯色块右侧添加上相应的文字信息，效果如图 4-16 所示。

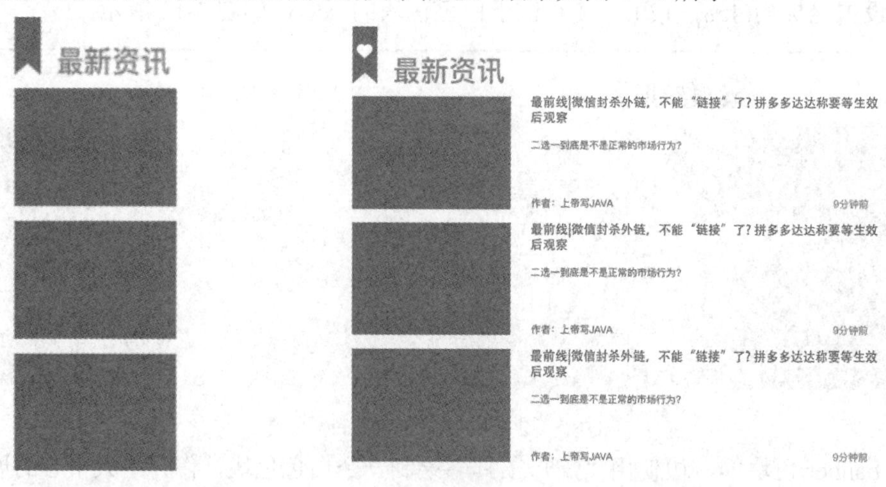

图 4-15　最新资讯色块效果　　　　图 4-16　最新资讯添加文字的效果

在课程封面模块的右边制作矩形 416 px × 544 px“最新快讯”的模块及文字，右侧页面非常长，在页面右侧的下方用醒目色反馈制作 bottom。第 2 屏“最新快讯”效果如图 4-17 所示。第 2 屏整体效果如图 4-18 所示。

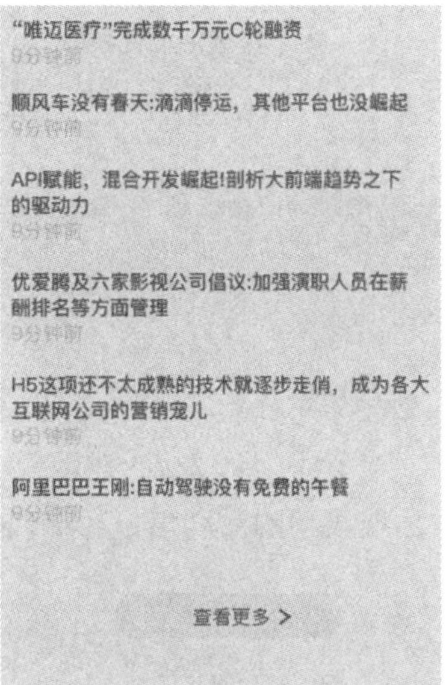
最新快讯
“唯迈医疗”完成数千万元C轮融资
9分钟前
顺风车没有春天:滴滴停运，其他平台也没崛起
9分钟前
API赋能，混合开发崛起!剖析大前端趋势之下的驱动力
9分钟前
优爱腾及六家影视公司倡议:加强演职人员在薪酬排名等方面管理
9分钟前
H5这项还不太成熟的技术就逐步走俏，成为各大互联网公司的营销宠儿
9分钟前
阿里巴巴王刚:自动驾驶没有免费的午餐
9分钟前
查看更多 >

图 4-17　第 2 屏“最新快讯”效果图

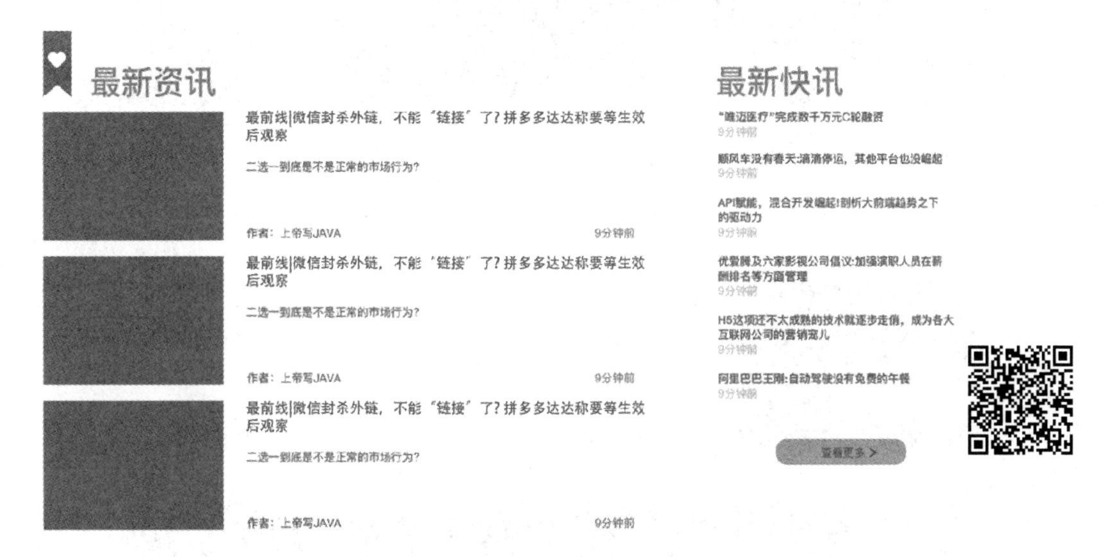
最新资讯
最前线|微信封杀外链，不能“链接”了？拼多多达达称要等生效后观察
二选一到底是不是正常的市场行为?
作者：上帝写JAVA
9分钟前
最前线|微信封杀外链，不能“链接”了？拼多多达达称要等生效后观察
二选一到底是不是正常的市场行为?
作者：上帝写JAVA
9分钟前
最前线|微信封杀外链，不能“链接”了？拼多多达达称要等生效后观察
二选一到底是不是正常的市场行为?
作者：上帝写JAVA
9分钟前
最新快讯
“唯迈医疗”完成数千万元C轮融资
9分钟前
顺风车没有春天:滴滴停运，其他平台也没崛起
9分钟前
API赋能，混合开发崛起!剖析大前端趋势之下的驱动力
9分钟前
优爱腾及六家影视公司倡议:加强演职人员在薪酬排名等方面管理
9分钟前
H5这项还不太成熟的技术就逐步走俏，成为各大互联网公司的营销宠儿
9分钟前
阿里巴巴王刚:自动驾驶没有免费的午餐
9分钟前
查看更多 >

图 4-18　第 2 屏整体效果图

(3) 第 3 屏。

第 3 屏是“最新活动”，在该屏中，用户通过“精选活动”和“各类活动”的“banner”了解哆哆课堂课程活动的相关信息。

第一行展示区显示精选课程活动等信息。这部分展示区有 3 个活动模块，并将每个活动模块图片采用灰色色块表示，如图 4-19 所示。

最新活动

图 4-19 精选活动区色块

对第二行“各类活动”进行通栏设计，这样可以比较完整地呈现详细的活动信息，如图 4-20 所示。

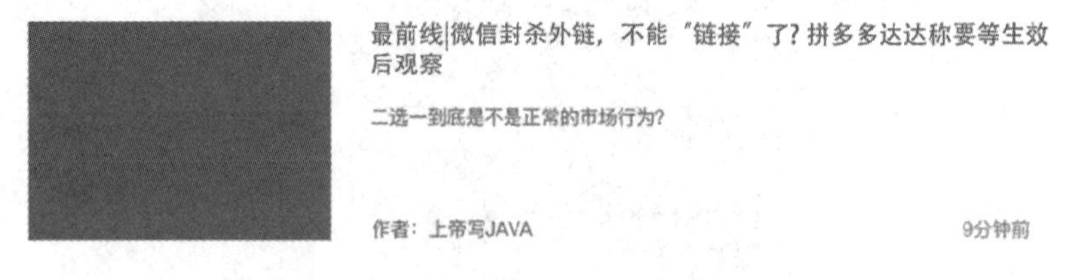
最前线|微信封杀外链，不能“链接”了? 拼多多达达称要等生效后观察
二选一到底是不是正常的市场行为?
作者：上帝写JAVA
9分钟前

图 4-20 各类活动区色块

第三行制作 banner 栏，该栏呈现滚动的活动信息，第 3 屏左侧整体效果如图 4-21 所示。

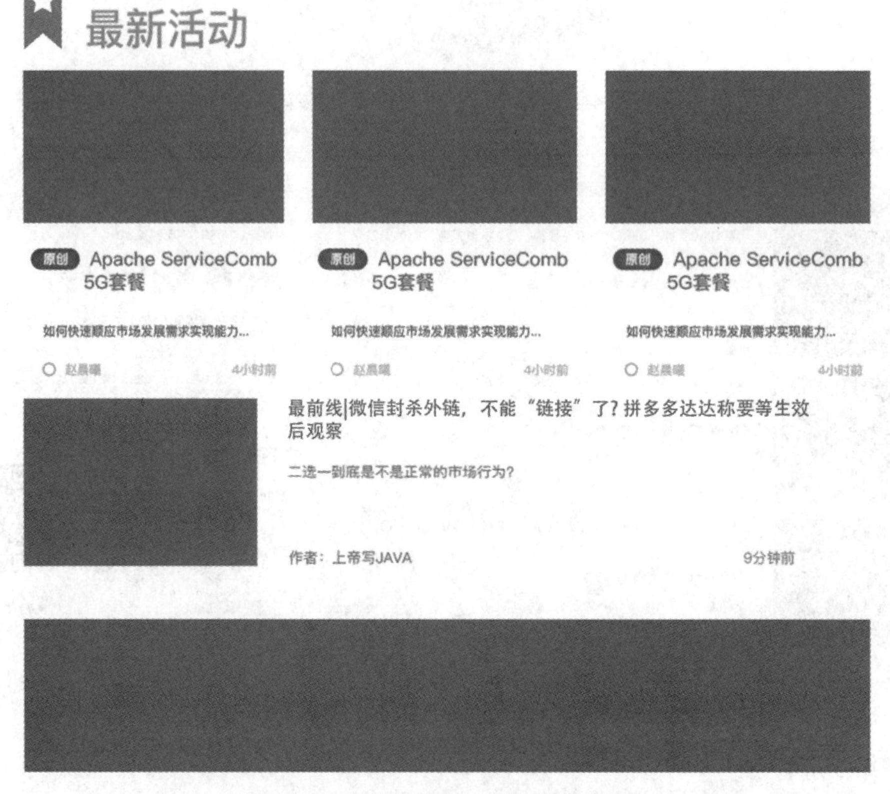
最新活动
原创 Apache ServiceComb 5G套餐
如何快速顺应市场发展需求实现能力...
赵晨曦
4小时前
最前线|微信封杀外链，不能“链接”了? 拼多多达达称要等生效后观察
二选一到底是不是正常的市场行为?
作者：上帝写JAVA
9分钟前

图 4-21 “最新活动”左侧整体效果图

第 3 屏右侧栏是推荐主题，单击“左侧对齐”按钮可以将排布好的右侧模块与第 2 屏的右侧模块对齐，文字信息可以单击“按左对齐”“按右对齐”或“水平居中对齐”，就可将几个图层水平等距对齐，接着添加相对应的文字，右侧整体效果如图 4-22 所示。

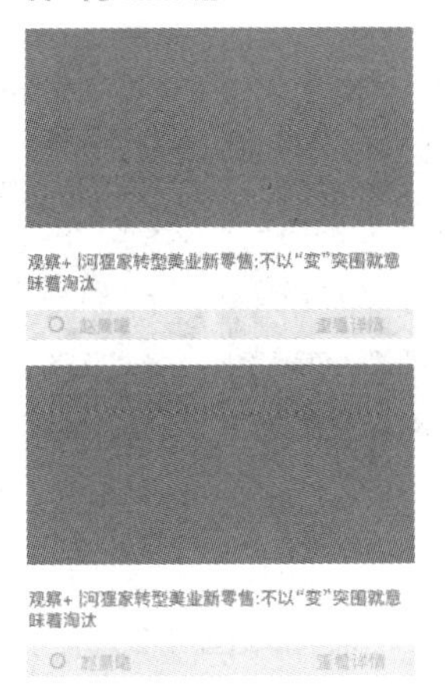
推荐主题
观察+ |河狸家转型美业新零售:不以“变”突围就意味着淘汰
观察+ |河狸家转型美业新零售:不以“变”突围就意味着淘汰

图 4-22　右侧栏“推荐主题”效果

第 3 屏“最新活动”与“推荐主题”效果如图 4-23 所示。

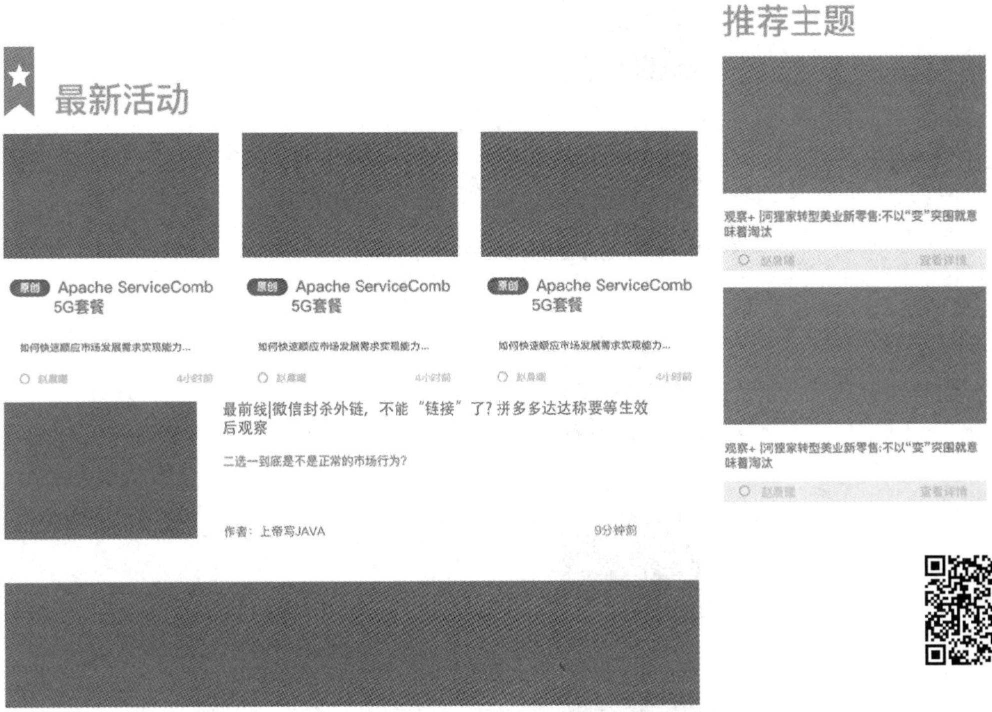

图 4-23　第 3 屏“最新活动”“推荐主题”整体效果图

(4) 第 4 屏。

第 4 屏是“技术牛人”与“精彩瞬间”，其布局结构采用图文模块式。用户通过左侧模块“技术牛人”可以了解金牌讲师的课程，展示区主要显示课程讲师、讲师简历和关注信息。展示区由 4 块 196 px×288 px 的长方形模块组成，使用形状工具的“矩形工具”绘制并填充灰色。在头像展示位新建 84 px×84 px 的圆形，里面放入讲师的照片，将文字与图片对齐，第 4 屏的“技术牛人”的最终效果图如图 4-24 所示。

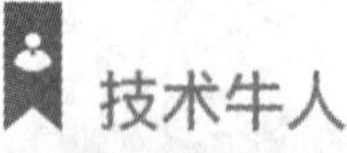

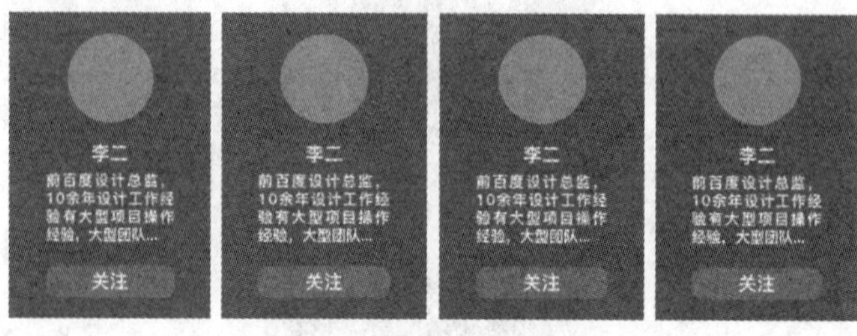

图 4-24　第 4 屏“技术牛人”效果

“精彩瞬间”在第 4 屏的右侧栏，制作时注意所有右侧栏信息的对齐、间隔间隙的行距。第 4 屏的“精彩瞬间”的最终效果图如图 4-25 所示。

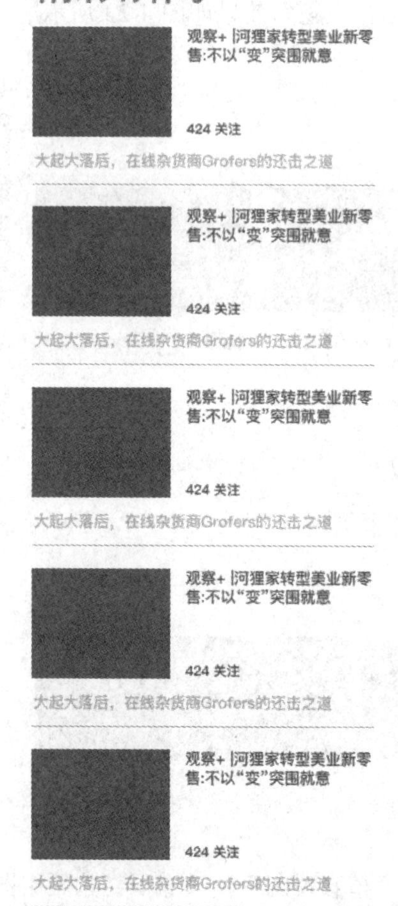

图 4-25　第 4 屏“精彩瞬间”效果

第 4 屏“技术牛人”与“精彩瞬间”的整体效果如图 4-26 所示。

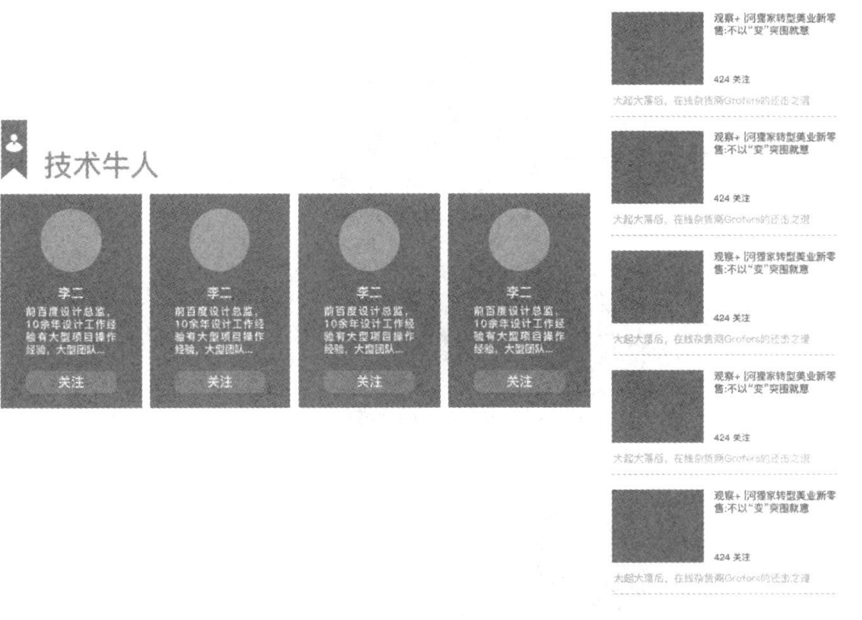
精彩瞬间
424 关注
424 关注
424 关注
424 关注
424 关注
技术牛人
李二
关注
李二
关注
李二
关注
李二
关注

图 4-26　第 4 屏“技术牛人”“精彩瞬间”整体效果图

(5) 第 5 屏。

第 5 屏是“最新文章”与“24 小时排行榜”，采用与第 2 屏模块同样的布局结构，左侧模块“最新文章”有详细的内容信息介绍。左侧整体效果如图 4-27 所示。

最新文章
最前线|微信封杀外链，不能“链接”了？拼多多达达称要等生效后观察
二选一到底是不是正常的市场行为?
作者：上帝写JAVA
9分钟前
最前线|微信封杀外链，不能“链接”了？拼多多达达称要等生效后观察
二选一到底是不是正常的市场行为?
作者：上帝写JAVA
9分钟前
最前线|微信封杀外链，不能“链接”了？拼多多达达称要等生效后观察
二选一到底是不是正常的市场行为?
作者：上帝写JAVA
9分钟前
最前线|微信封杀外链，不能“链接”了？拼多多达达称要等生效后观察
二选一到底是不是正常的市场行为?
作者：上帝写JAVA
9分钟前

图 4-27　第 5 屏“最新文章”效果

右侧模块“24 小时排行榜”制作了标注重点的 tips。右侧整体效果如图 4-28 所示。

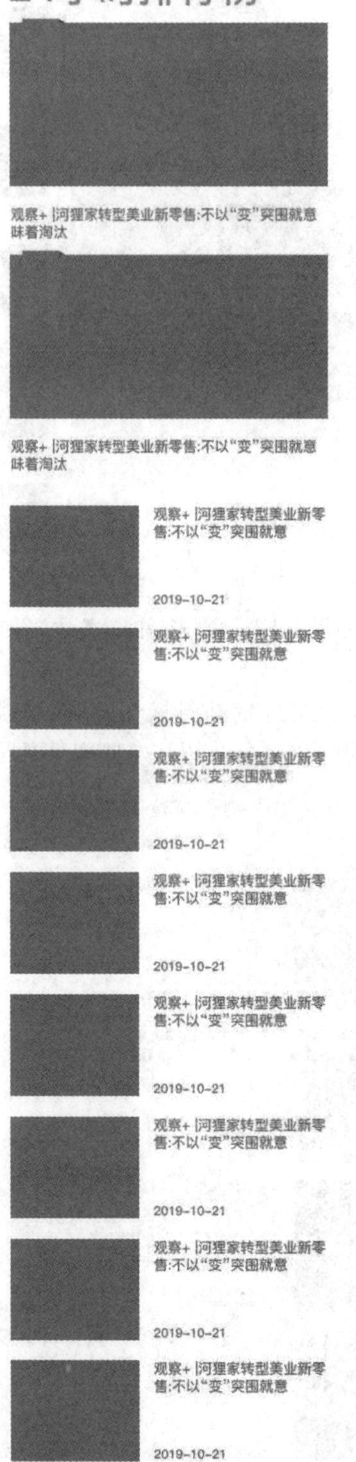

图 4-28 第 5 屏“24 小时排行榜”效果图

第 5 屏“最新文章”与“24 小时排行榜”的整体效果如图 4-29 所示。

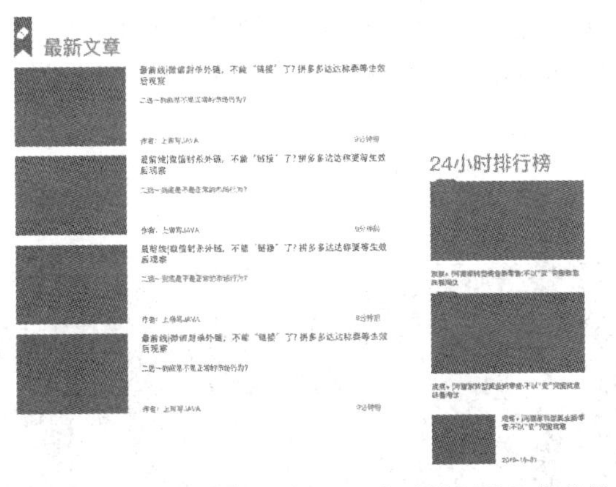

图 4-29　第 5 屏“最新文章”与“24 小时排行榜”整体效果图

(6) 第 6 屏。

第 6 屏是“最新视频”，位于网页设计分栏的左侧。“最新视频”内容分为三行，第一行制作成四个展示区模块，第二行放置 banner 区，第三行是视频内容的通栏布局设计。左侧整体效果如图 4-30 所示。

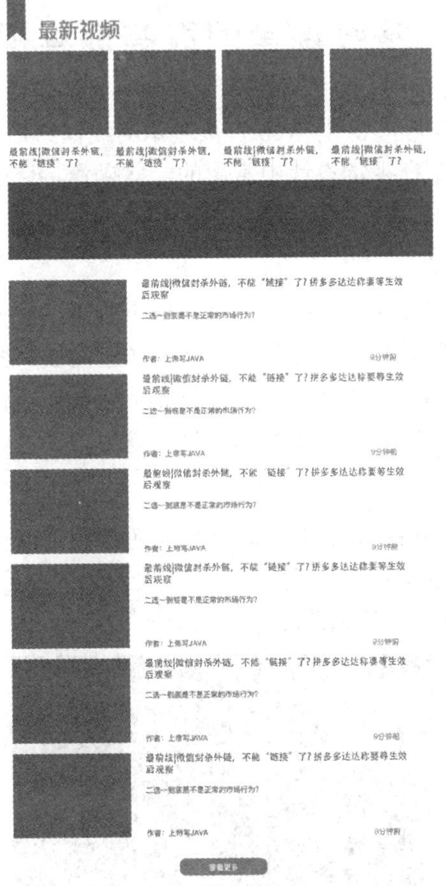

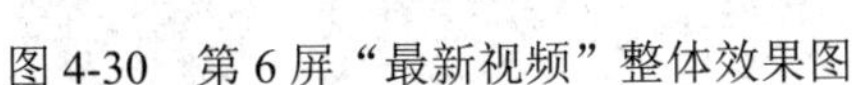

图 4-30　第 6 屏“最新视频”整体效果图

(7) 第 7 屏。

第 7 屏包含“哆哆课堂旗下产品”“联系我们”“合作伙伴”、网站 Logo 和版权信息等。“合作伙伴”给出了机构的 Logo 图标信息。使用“矩形工具”绘制 12 个矩形色块，用来放置“合作伙伴”的图标信息。在整个页脚的下面使用“矩形工具”，绘制一个大小为 1200 px × 546 px 的深灰色色块，放入地址信息以及合作伙伴的文字、Logo 图标、版权信息等，如图 4-31 所示。

图 4-31 哆哆课堂 Web 页脚效果

任务 4.3 哆哆课堂网页高保真视觉稿设计

前一个任务已经完成了哆哆课堂 Web 首页基本的线框结构，接下来就进入到网页视觉设计阶段。本任务首先介绍在视觉设计中常用的一些操作，这些操作将运用于制作哆哆课堂 Web 首页的高保真视觉稿。

1. 视觉设计的常用操作

视觉设计阶段与线框图设计阶段有所不同，这个阶段设计师除了在搭建框架时常使用形状工具和文本工具外，还需要的软件技巧包括：颜色面板、图层剪贴蒙版、内置图片的处理(锐化、光影、大小调整、裁剪等)、图层样式(混合选项)、图层叠加模式、图层的不透明度和填充值、调节层、形状工具、文本工具等。

2. 色彩风格

哆哆课堂 Web 网站使用品牌色(6bbe86)作为主色调。辅助色调将采用对比色与近似色两种方式建立哆哆课堂 Web 网站的色彩关系，主要以对比色(f5ae42)(ec6b51)及近似色(1eb486)制定基础的配色方案。基础的配色方案如图 4-32 所示。

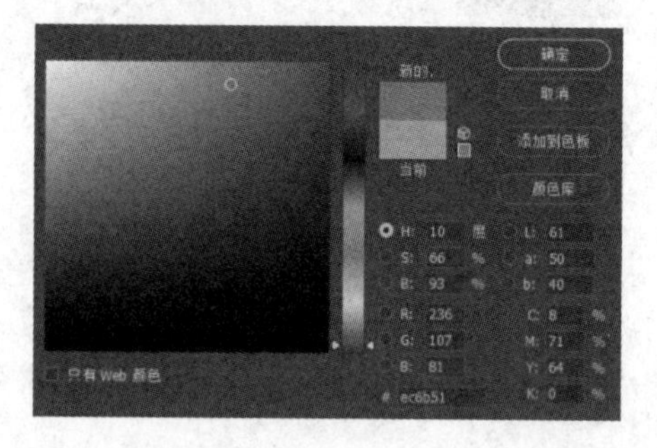

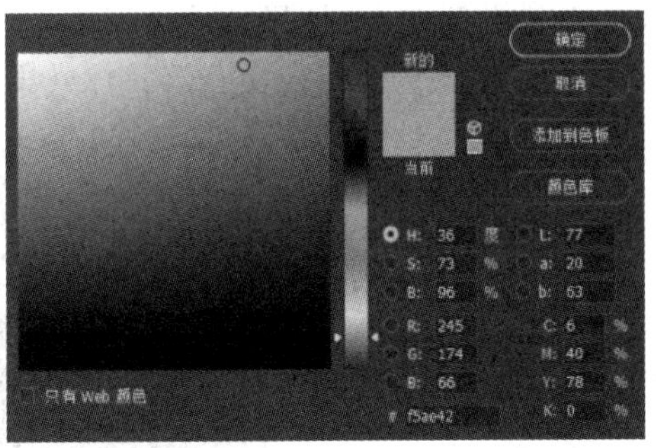

图 4-32　基础的配色方案

3. 置入图片

任务 4.2 中制作的哆哆课堂 Web 首页的线框中的多个色块都是通过置入图片实现的。下面将以第 2 屏中“最新资讯”的制作为例进行讲解，其他色块是同样的操作。

线框图的重要用途，就是方便使用置入图片，可以直接将图片拖入画布中，也可以通过选择“文件”→“置入嵌入对象”菜单命令将图片导入文档中，如图 4-33 所示。

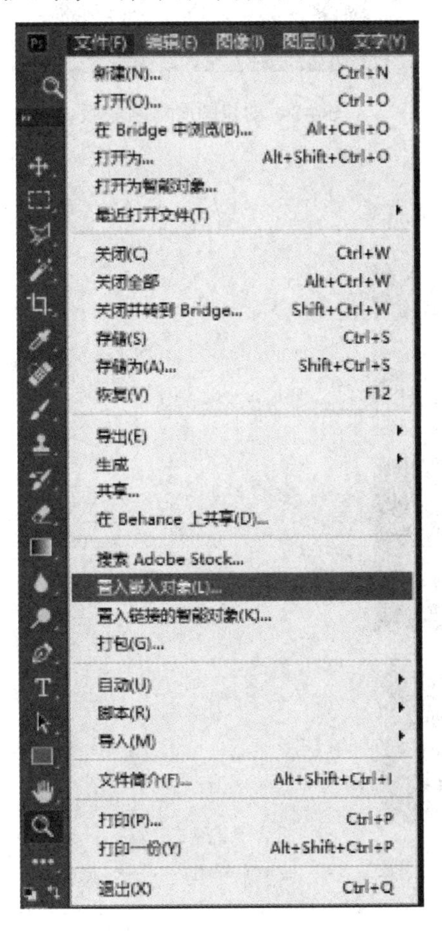

图 4-33　置入嵌入对象

置入图片到形状图层中后，选中该图层，选择“图层”→“创建剪贴蒙版”菜单命令，或按住 Alt 键并单击两图层中间的缝隙创建剪贴蒙版，如图 4-34 所示。这样可在有效范围内添加图片，置入图片后，第 2 屏整体效果如图 4-35 所示。

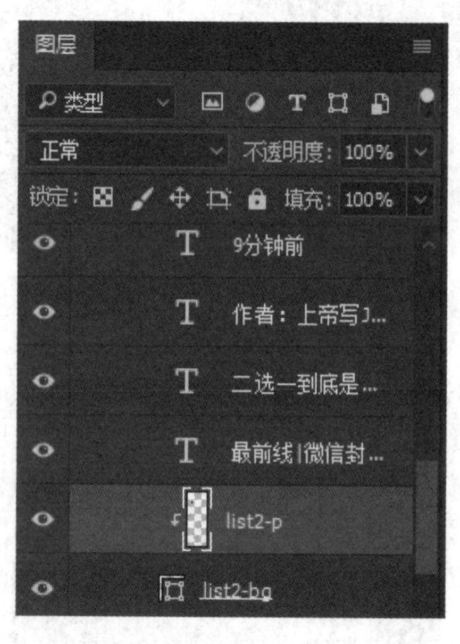

图 4-34 创建图层剪贴蒙版

图 4-35 调整后的第 2 屏整体效果

4. 调整文字

选择“窗口”→“段落样式”菜单命令，单击“创建新的段落样式”后，即可在面板中看到“段落样式 1”的自定义文字模板名称，如图 4-36 所示。

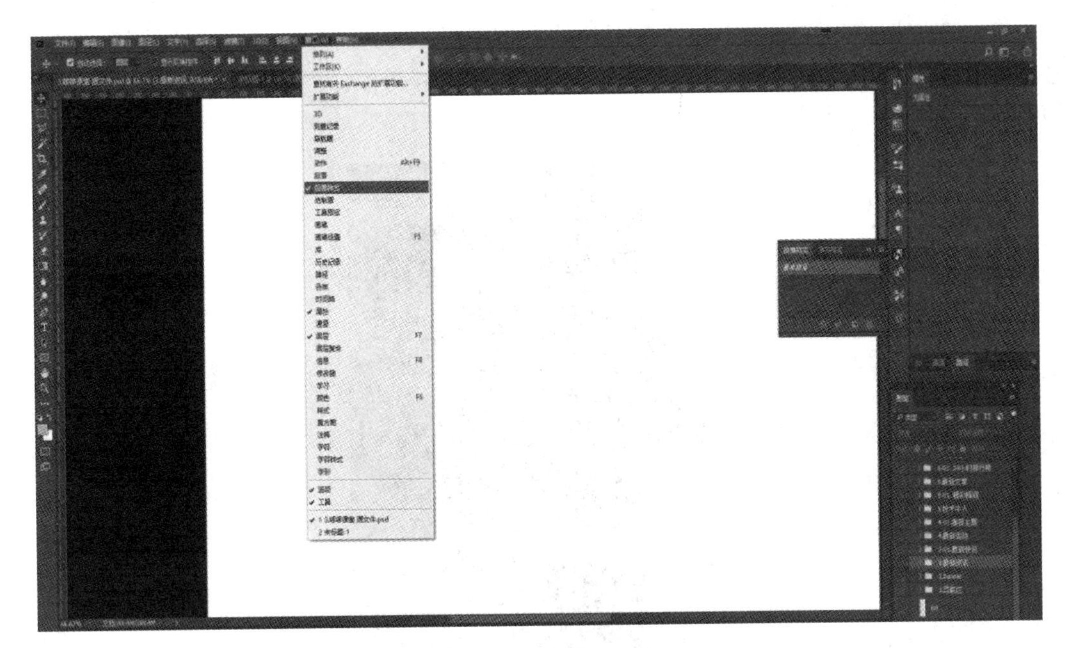

图 4-36　段落样式命令

双击面板上新生成的“段落样式”模板，打开“段落样式选项”对话框，设置好属性和名称后保存，面板中有“基本段落”自定义文字模板名称，如图 4-37 所示。不同的文字段落创建不同的文字模板，选择苹方字体，按照字体大小名称命名，如图 4-38 所示。

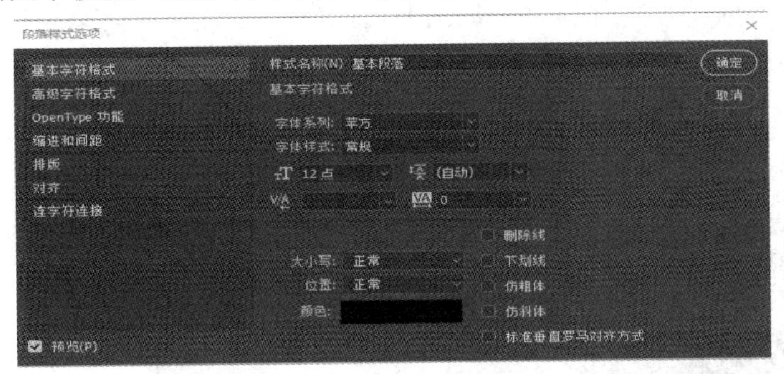

图 4-37　“基本段落”自定义文字对话框

图 4-38　创建自定义名称大小的文字

将文字模板应用在字体上，选中新建的文本图层，并选择“段落样式”面板中的“24号字体”，单击“清除覆盖”(圆形箭头)，即可将“24 号字体”应用到当前文本图层上，如图 4-39 所示。

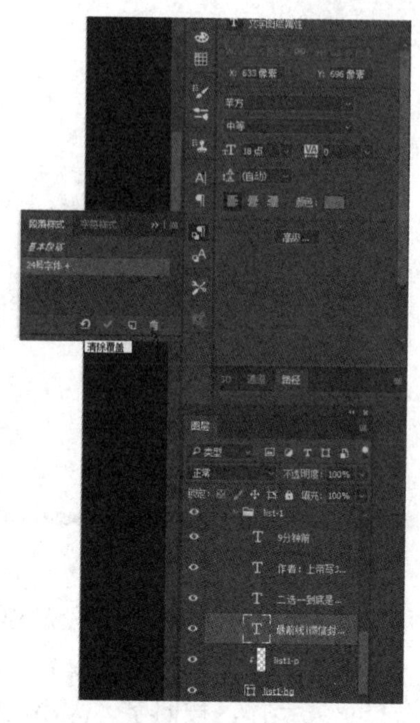
清除覆盖

图 4-39 将文字样式应用在文本图层

将文字排版后，第 2 屏整体效果如图 4-40 所示。

最新资讯

CHUN NUAN
HUA KAI
Chun nua
最前线|微信封杀外链，不能“链接”了? 拼多多达达称要等生效后观察
二选一到底是不是正常的市场行为?
作者：上帝写JAVA
9分钟前

人人都能拍
高质量
短视频
最前线|微信封杀外链，不能“链接”了? 拼多多达达称要等生效后观察
二选一到底是不是正常的市场行为?
作者：上帝写JAVA
9分钟前

最前线|微信封杀外链，不能“链接”了? 拼多多达达称要等生效后观察
二选一到底是不是正常的市场行为?
作者：上帝写JAVA
9分钟前

图 4-40 “最新资讯”效果图

5. 哆哆课堂 Web 首页高保真视觉稿的制作

为导航条部分添加颜色，并将图片置入，完成后的效果如图 4-41 所示。

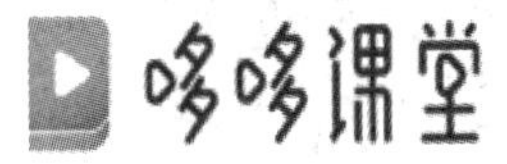
哆哆课堂
首页
活动
问答
发现
资讯
关于
搜索
登录 | 注册

图 4-41　导航栏

为 banner 和个人中心置入图片，并修改个人中心的文字样式和文字颜色，效果如图 4-42 所示。

潮玩
拍片速成
1小时上手
限时免费

图 4-42　banner 和个人中心

为第 2 屏、第 3 屏、第 4 屏、第 5 屏、第 6 屏置入图片，并添加文字，设置信息内容，最终效果图如图 4-43、图 4-44、图 4-45、图 4-46、图 4-47 所示。

最新资讯

春暖花開
Chun nua
CHUN NUAN
HUA KAI

人人都能拍
高质量
短视频

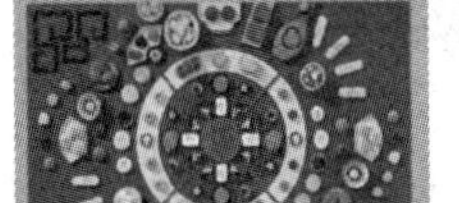

最前线|微信封杀外链，不能“链接”了? 拼多多达达称要等生效后观察
二选一到底是不是正常的市场行为?
作者：上帝写JAVA
9分钟前
最前线|微信封杀外链，不能“链接”了? 拼多多达达称要等生效后观察
二选一到底是不是正常的市场行为?
作者：上帝写JAVA
9分钟前
最前线|微信封杀外链，不能“链接”了? 拼多多达达称要等生效后观察
二选一到底是不是正常的市场行为?
作者：上帝写JAVA
9分钟前
最新快讯
“唯迈医疗”完成数千万元C轮融资
9分钟前
顺风车没有春天:滴滴停运，其他平台也没崛起
9分钟前
API赋能,混合开发崛起!剖析大前端趋势之下的驱动力
9分钟前
优爱腾及六家影视公司倡议:加强演职人员在薪酬排名等方面管理
9分钟前
H5这项还不太成熟的技术就逐步走俏，成为各大互联网公司的营销宠儿
9分钟前
阿里巴巴王刚:自动驾驶没有免费的午餐
9分钟前
查看更多 >

图 4-43　第 2 屏“最新资讯”和“最新快讯”效果图

图 4-44　第 3 屏“最新活动”和“推荐主题”效果图

图 4-45　第 4 屏“技术牛人”和“精彩瞬间”效果图

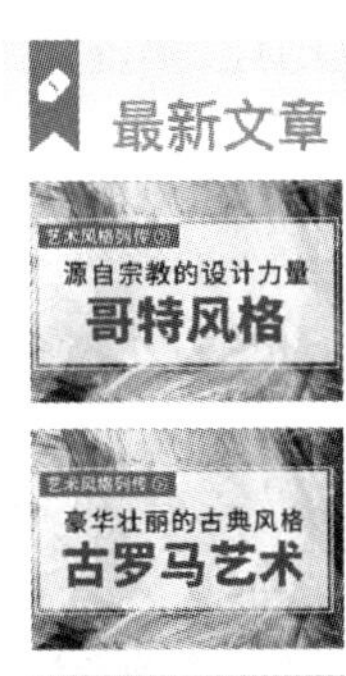

图 4-46　第 5 屏“最新文章”和“24 小时排行榜”效果图

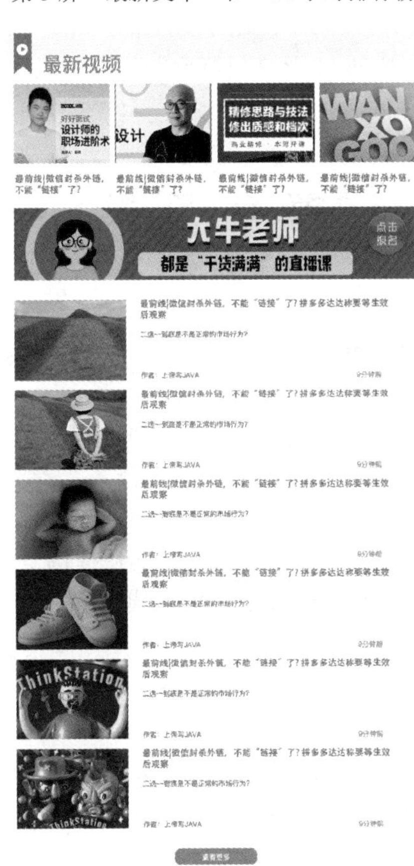

图 4-47　第 6 屏“最新视频”效果图

为第7屏页脚的“合作伙伴”置入机构Logo图片及其他信息图片，最终第7屏页脚的整体效果如图4-48所示。

哆哆课堂旗下产品　联系我们　合作伙伴

哆哆课堂 哆哆课堂
哆哆课堂 哆哆课堂
哆哆课堂 哆哆课堂
哆哆课堂 哆哆课堂

梨花老师
合作、投资、创业等，请联系梨花老师
TEL:12345678901
微信：12345678901

地址：深圳市南山区xxxxxxxxxxxxx

电话：12345678901　邮箱：213231@hhg.com

哆哆课堂教育科技股份有限公司Copyright 2006~2019

图4-48　第7屏页脚效果图

项 目 小 结

本项目主要介绍了哆哆课堂网站首页制作的基本内容和整体结构。其中，着重介绍了哆哆课堂低保真原型制作和高保真视觉稿制作方法，在制作过程中要注意网页设计中页面的Logo和导航设计应与页脚的设计保持一致，这样可以让浏览者迅速而又高效地进入网站中查找自己所需要的部分。同时，为了区别于其他的网站，应注意塑造网站的个性。网站的整体风格和整体气氛表达要与企业形象相符合并应很好地体现企业文化，进而形成自己的风格。

项 目 习 题

一、填空题

1. 在Photoshop中文字工具包含________和________，其中在创建文字的同时创建一个新图层的是________。

2. 在使用色阶命令调整图像时，选择________通道是调整图像的明暗，选择________通道是调整图像的色彩。例如，一个RGB图像在选择________通道时可以通过调整增加图像中的红色。

3. 选择选区的快捷键是________，反选选区的快捷键是__________。

4. Photoshop图像新建对话框中包含5种色彩模式：________、________、__________、__________、__________。

二、选择题

1. 以下命令中可以选择像素的是(　　)。

A. 套索工具　　B. 魔棒工具　　C. 色彩范围　　D. 羽化

2. 以下键盘快捷方式中可以改变图像大小的是(　　)。

A. Ctrl + T　　B. Ctrl + Alt　　C. Ctrl + S　　D. Ctrl + V

3. 在Photoshop中可以改变图像色彩的命令是(　　)。

A. 曲线调整　　B. 颜色分配表　　C. 变化调整　　D. 色彩范围

4. 在编辑一个渐变色彩时，可以被编辑的部分是(　　)。

A. 前景色　　B. 位置　　C. 色彩　　D. 不透明度

5. 路径工具的作用主要有(　　)。

A. 改变路径内图像的形状　　B. 在路径中填充色彩

C. 将路径转为选择区域　　D. 使着色工具沿着路径画线

6. 下列不支持无损压缩的文件格式是(　　)。

A. PNG　　B. JPEG　　C. TIFF　　D. PSD

三、项目实训

1. 实训目的：

(1) 熟练掌握网页基础框架的设计。

(2) 掌握网页设计的原则。

2. 实训内容：

(1) 创建如图 4-49 所示的“秋意家居”Web 页面设计。

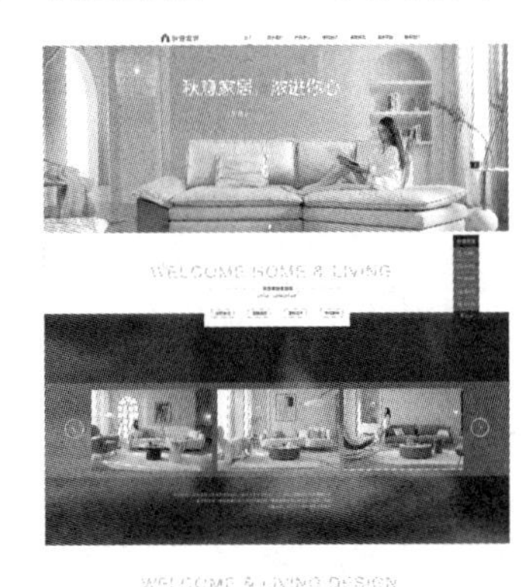

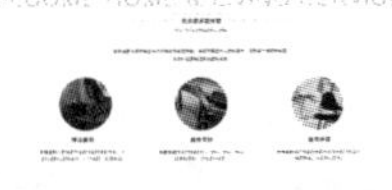

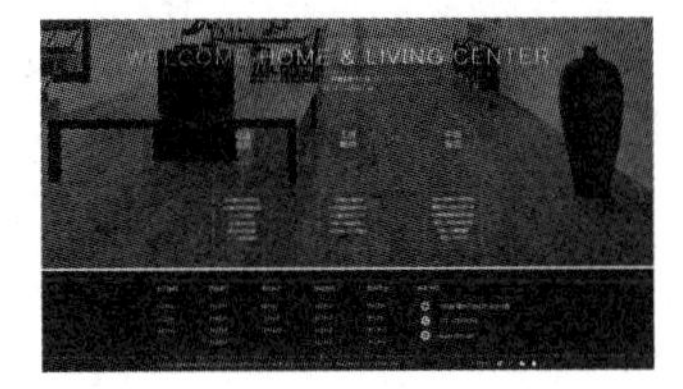

图 4-49　“秋意家居”Web 页面设计

(2) “秋意家居”Web页面设计要求：

① 首页设计按照要求设计版面进行制作；

② banner设计内容板块按照设计原则进行切割；

③ 颜色配色以整体统一风格为基准，默认色调为暖色调。

(3) “秋意家居”Web页面设计规范：

① Web的尺寸为1920 px × 6500 px，间距通常为20 px或者20 px的倍数，遵循对齐原则；

② banner模块按钮的样式，长宽比4∶3，直角边框，设计统一风格。

项目5　HTML基础

学习目标

- 了解HTML语言
- 掌握HTML的基本结构
- 掌握HTML的基本标记和使用方法

课堂思政

针对近年来发生的“中兴事件”“华为事件”，无论是华为的从容应对还是中兴的濒临破产，两家中国企业在美国的“封杀令”下有着截然不同的命运，这背后印证的除了中国整体科技创新实力不容小觑的事实外，还敲响了中国企业对于创新技术自主可控的警钟，进一步鞭策中国企业需在自主科技创新领域中不断前行。

HTML(超文本标记语言)是网页制作的基础。HTML标记是HTML的核心与基础，用于修饰、设置HTML文件的内容和格式。

HTML文件中包含了所有网页上的文字信息和图片信息。其中也包括对浏览器的一些指示，如文字位置、显示模式等；还有图片、动画、声音或任何其他形式的资源。HTML文件会告诉浏览器到哪里去查找这些资源，以及它们放置在网页中的哪个位置。

任务5.1　HTML概述

随着时代的发展，统一的互联网通用标准显得尤为重要。由于各个浏览器的标准不统一，因此给网站开发人员带来了很大的麻烦。HTML的目标就是将Web带入一个成熟的平台。

5.1.1　标记语言

标记语言是为处理、定义和表示文本而设计的语言。标记语言是一种将文档及其相关信息结合起来以展现文档结构和数据处理细节的编码。这种语言规定了用于格式文档布局和风格的代码即标签(tags)。

标记语言广泛应用于网页和网络应用程序中，超文本标记语言(HyperText Markup Language，HTML)、可扩展标记语言(eXtensible Markup Language，XML)是众所周知的标记语言。

HTML文档的结构始于<HTML><HEAD>(“文档元数据”)</HEAD><BODY>，而止于</BODY></HTML>；Web页面中的信息包含于<BODY>和</BODY>之间。其他标签用于描述超链接、信息的布局和格式等。

可扩展超文本标记语言(eXtensible HyperText Markup Language，XHTML)是一种标记语言，表现方式与HTML类似，符合XML语法规范。

XHTML是基于XML的标记语言，是扮演着HTML角色的XML。XHTML在本质上是桥接(过渡)技术，融XML的灵活性与HTML的简单特性于一体(与后两者有交集)。

无线标记语言(Wireless Markup Language，WML)，是用来在手持设备上实施无线应用协议(Wireless Application Protocol，WAP)的标记语言，它基于XML。WAP协议被设计为用来在移动电话之类的无线客户端上显示因特网内容。

WML页面通常称为deck。每个deck含有一系列的card。card元素可包含文本、标记、链接、输入字段和图像等。card之间通过链接彼此相互联系。

5.1.2 从XHTML到HTML

HTML是超文本标记语言；XHTML是可扩展超文本标记语言。

HTML是一种基本的Web网页设计语言，XHTML是一个基于XML的标记语言，看起来与HTML有些相像，只有一些较小但重要的区别，XHTML就是一个扮演着类似HTML的角色的XML。所以，本质上说，XHTML是一个过渡技术，结合了部分XML的强大功能及大多数HTML的简单特性。

HTML 5是HTML、XHTML以及HTML DOM的新标准，它仍处于完善之中。但目前大部分现代浏览器已经支持HTML 5。

HTML 5相比XHTML，新增了一些特性：

(1) 用于绘画的canvas元素；

(2) 用于媒介回放的video和audio元素；

(3) 对本地离线存储有更好的支持；

(4) 新的特殊内容元素，如article、footer、header、nav、section；

(5) 新的表单控件，如calendar、date、time、email、url、search。

5.1.3 HTML的基本结构

HTML文件通常由3部分组成，即起始标记、网页标题和文件主体。其中，文件主体是HTML文件的主要部分与核心内容，它包括文件所有的实际内容与绝大多数的标记符号。

在HTML文本中，有一些固定的标记要放在每一个HTML文件里。HTML文件的总体结构如下所示：

```
<HTML>                                <!--起始标记-->
<HEAD>                                <!--头部标记开始-->
```

```
<TITLE> 一个简单的 HTML 网页 </TITLE>        <!--标题标记-->
</HEAD>                                     <!--头部标记结束-->
<BODY>                                      <!--正文内容标记开始-->
<CENTER>
<H1>欢迎光临我的主页</H1>
<BR>
<HR>
<FONT SIZE = 7 COLOR = red>
这是我第一次做主页
</FONT>
</CENTER>
</BODY>                                     <!--正文内容标记结束-->
</HTML>                                     <!--结尾标记-->
```

<Head>...</Head>是 HTML 文档的头部标记，在浏览器窗口中，头部信息是不被显示在正文中的，在此标记中可以插入其他标记，用以说明文件的标题和整个文件的一些公共属性。若不需头部信息则可省略此标记。<Title>和</Title>是嵌套在<Head>头部标记中的，标记之间的文本是文档标题，它被显示在浏览器窗口的标题栏。

<Body></Body>标记不能省略，标记之间的文本是正文，是浏览器要显示的页面内容。标记是由一些字母组成的，必须要放在一对尖括号中。

HTML 的标记分单标记和成对标记两种。使用标记有以下注意事项：

(1) 任何标记都要用“<”和“>”括起来；

(2) 标记名与“<”号之间不能留有空白字符；

(3) 并不是所有的标记都需要属性；

(4) 属性只可加于起始标记中；

(5) 不同的标记可以带有不同的属性，属性要和标记同时使用；

(6) 标记字母不区分大小写，标记中的属性名和属性值也不区分大小写；

(7) 在 HTML 文档中可以加入注释标记，注释由开始标记“<!--”和结束标记“-->”构成，不会在浏览器中显示。

5.1.4 HTML 的常用开发工具

网站开发常用的工具有 Visual Studio Code、Sublime、WebStorm、Eclipse、HBuilder、Dreamweaver 等，下面我们使用 HBuilder 文本编辑软件来创建一个 HTML 5 页面，具体步骤如下：

(1) 打开 HBuilder，选择菜单栏中的“文件”→“新建”命令，弹出“新建文档”窗口，在窗口中选择“HTML 文件”，如图 5-1 所示。在创建文件向导窗口选择文件所在目录，并输入文件名，如图 5-2 所示。单击“完成”，即创建了一个新文件。

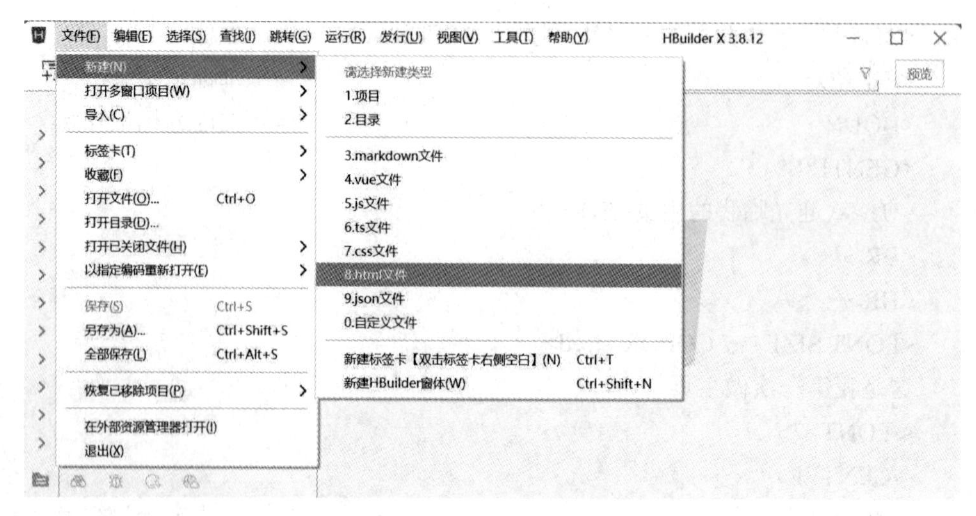

图 5-1 新建 HTML 文件

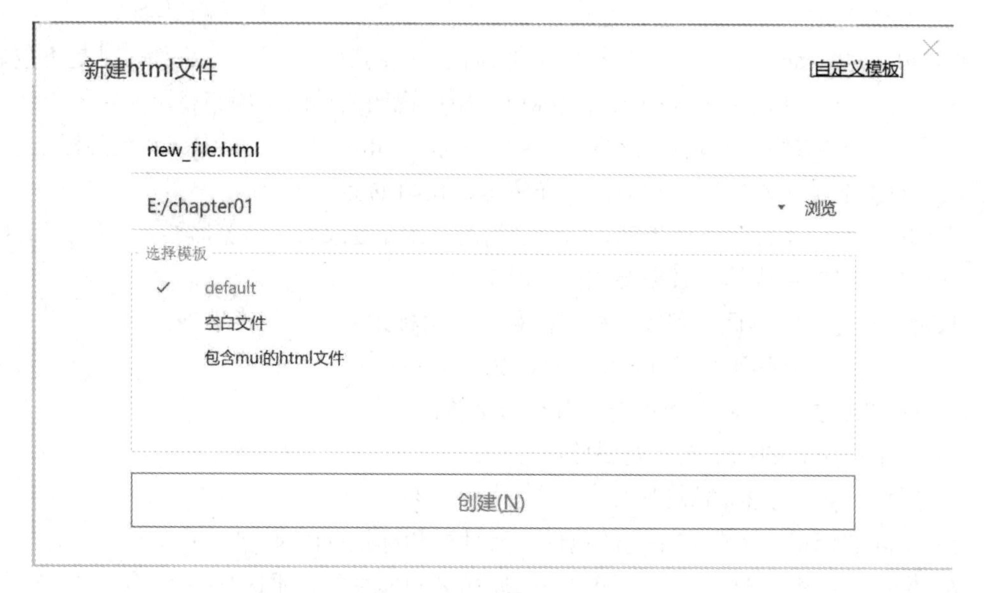

图 5-2 文件向导窗口

(2) 在新文档中找到<title>标记，添加“一个简单的 HTML 网页”。然后在<body>与</body>标记间添加“这是我第一次做主页”，具体代码如图 5-3 所示。

```
1 <!DOCTYPE html>
2 <html>
3     <head>
4         <meta charset="{CHARSET}">
5         <title> 一个简单的HTML网页</title>
6     </head>
7     <body>
8         这是我第一次做主页
9     </body>
10 </html>
```

图 5-3 HTML 文档的结构

(3) 在菜单栏中选择“文件”→“另存为”选项，在对话框中选择文件的保存地址并输入文件名如 example01 即可保存文件，如图 5-4 所示。

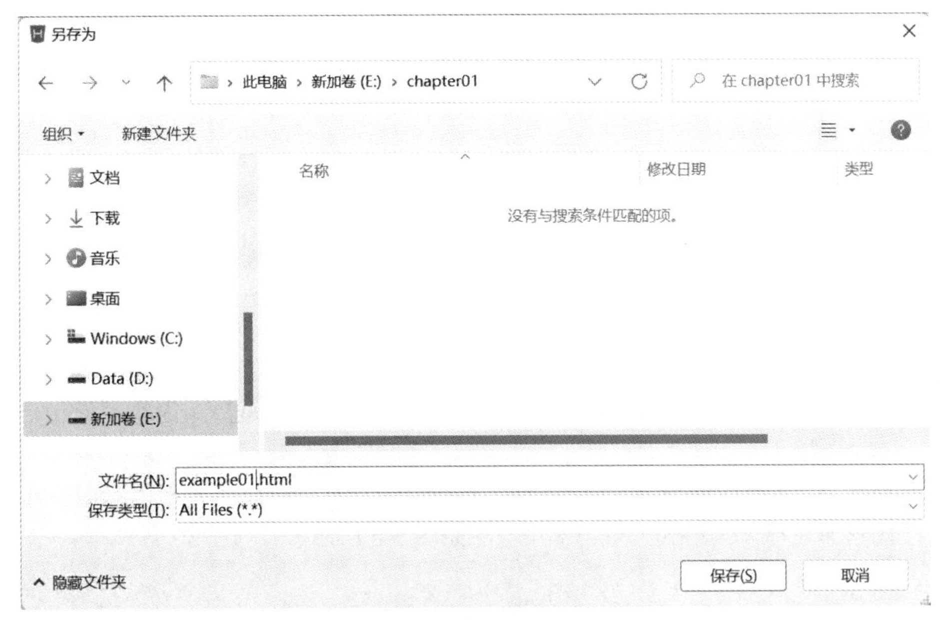

图 5-4　保存文件

(4) 在谷歌浏览器中运行 example01.html，效果如图 5-5 所示。

图 5-5　example01.html 预览效果

此时，浏览器窗口中将显示一段文本，第一个简单的 HTML 5 页面就创建完成了。

任务 5.2　HTML 的标记和属性

学习 HTML 要了解 HTML 的元素，HTML 的主体标记是<body>，放置的是网页中的所有内容，如文字、图片、链接、表格、表单等，这些内容需放在特定的标记中，本任务将对 HTML 中的常用标记进行讲解。

HTML 中的很多标记都包含属性，不同的属性可以对标记的内容设置不同的效果，如可以设置文本的对齐方式、字体颜色、字号大小等，格式如下：

<标记属性 1 = "属性值 1"属性 2 = "属性值 2"…>内容</>

5.2.1 HTML 标记

在 HTML 页面中，带有“<>”符号的元素被称为 HTML 标记，如上面提到的<html>、<head>、<body>都是 HTML 标记。使用标记可以将文字、图片、链接、表格、表单等内容显示在页面中。

标记中有单标记和双标记，单标记只有首标记没有尾标记，可以写为<标记名>内容，如<img>、<hr>等；双标记有首标记和尾标记，可以写为<标记名>内容</标记名>，如<p></p>、<li></li>等。

在 HTML 中有时会加注释语句，以提高代码的可读性。可以给单行代码加注释，也可以给多行代码加注释，其格式为<!--语句-->，如图 5-6 所示。

```
<body>
    <p>添加注释可以让程序员更容易修改自己的代码</p>  <!--我是注释语句,程序运行时，我不执行-->
</body>
```

图 5-6 注释标记

下面详细讲解 HTML 5 中的常用标记。

5.2.2 HTML 的文本标记

1. 标题标记

标题标记用来定义标题，在 HTML 5 中共有 6 个标题标记，分别为<h1></h1>、<h2></h2>、<h3></h3>、<h4></h4>、<h5></h5>、<h6></h6>，字号大小从<h1></h1>到<h6></h6>逐渐递减。

标题标记的格式为：

<hn>文字</hn>

【案例实践 5-1】 标题标记的应用。

示例代码如图 5-7 所示。

```
8   <body>
9       <h1>标题一</h1>
10      <h2>标题二</h2>
11      <h3>标题三</h3>
12      <h4>标题四</h4>
13      <h5>标题五</h5>
14      <h6>标题六</h6>
15  </body>
```

图 5-7 标题

浏览器运行效果如图 5-8 所示。

图 5-8　标题预览效果

2. 段落标记

段落标记用来定义一个自然段，格式为：

<p>文字</p>

段落标记的属性如表 5-1 所示。

表 5-1　段落标记的属性

属　性	含　　义
align	文本对齐属性，其值为 center、left、right，分别表示居中对齐，左对齐和右对齐

【案例实践 5-2】 段落标记的应用。

示例代码如图 5-9 所示。

```
1 <!DOCTYPE html PUBLIC "-//W3C//DTD XHTML 1.0 Transitional//EN"
  "http://www.w3.org/TR/xhtml1/DTD/xhtml1-transitional.dtd">
2 <html xmlns="http://www.w3.org/1999/xhtml">
3 <head>
4 <meta http-equiv="Content-Type" content="text/html; charset=utf-8" />
5 <title>段落标记的用法和对齐方式</title>
6 </head>
7 <body>
8 <p>规定设立从事动物诊疗活动的机构，应当向县级以上地方人民政府兽医主管部门申请动物诊疗许可证。国家实行执业兽
  医资格考试制度。具有兽医相关专业大学专科以上学历，经考试合格的，方可获得执业兽医资格证书。从事动物诊疗的，还
  应向当地县级以上地方人民政府兽医主管部门申请注册。</p>
9 <p align="left">宠物医院</p>
10 <p align="center">绿色宠物医院</p>
11 <p align="right">动物诊疗</p>
12 </body>
13 </html>
```

图 5-9 段落标记的应用

浏览器运行效果如图 5-10 所示。

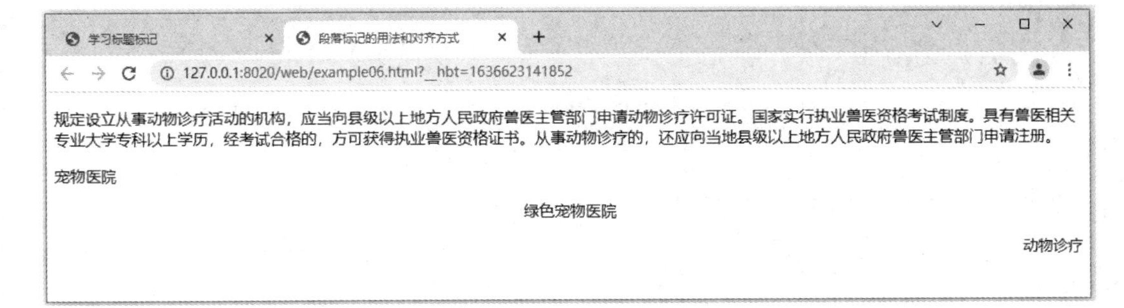

图 5-10　段落标记效果

从浏览器运行的效果中可以看出，<p>标记使得每个段落独占一行，且段落之间会有一定的间距。

3. 水平线标记

水平线标记定义一条水平直线，使得文档出现层次，格式为：

<hr/>

水平线标记是单标记。<hr/>标记的常用属性如表 5-2 所示。

表 5-2 <hr/>标记的常用属性

属　性	含　　义
Align	设置水平线的对齐方式
Size	以像素为单位设置水平线粗细
Color	设置水平线的颜色
Width	设置水平线的宽度

【案例实践 5-3】 水平线标记的应用。

示例代码如图 5-11 所示

```
1 <!DOCTYPE html PUBLIC "-//W3C//DTD XHTML 1.0 Transitional//EN"
  "http://www.w3.org/TR/xhtml1/DTD/xhtml1-transitional.dtd">
2 <html xmlns="http://www.w3.org/1999/xhtml">
3 <head>
4 <meta http-equiv="Content-Type" content="text/html; charset=utf-8" />
5 <title>水平线标记的用法和属性</title>
6 </head>
7 <body>
8 <p>规定设立从事动物诊疗活动的机构，应当向县级以上地方人民政府兽医主管部门申请动物诊疗许可证。国家实行执业兽医资格考试制度。具有兽医相关专业大学专科以上学历，经考试合格的，方可获得执业兽医资格证书。从事动物诊疗的，还应向当地县级以上地方人民政府兽医主管部门申请注册。</p>
9 <hr />
10 <p align="left">宠物医院</p>
11 <hr color="red" align="left" size="6" width="500"/>
12 <p align="center">绿色宠物医院</p>
13 <hr color="#0660FF" align="right" size="3" width="50%"/>
14 <p align="right">动物诊疗</p>
15 </body>
16 </html>
```

图 5-11 水平线标记的应用

浏览器运行效果如图 5-12 所示。

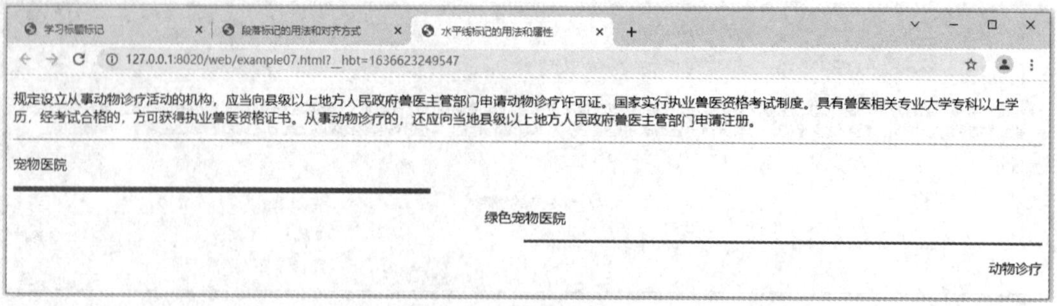

图 5-12 水平线标记效果

4. 换行标记

换行标记的格式为：

【案例实践 5-4】 水平线的应用。

示例代码如图 5-13 所示。

```
1 <!DOCTYPE html PUBLIC "-//W3C//DTD XHTML 1.0 Transitional//EN"
  "http://www.w3.org/TR/xhtml1/DTD/xhtml1-transitional.dtd">
2 <html xmlns="http://www.w3.org/1999/xhtml">
3 <head>
4 <meta http-equiv="Content-Type" content="text/html; charset=utf-8" />
5 <title>使用br标记换行</title>
6 </head>
7 <body>
8 <p>使用HTML制作网页时通过br标记<br />可以实现换行效果</p>
9 <p>如果像在word中一样
10 敲回车换行就不起作用了</p>
11 </body>
12 </html>
```

图 5-13　水平线的应用

浏览器运行效果如图 5-14 所示。

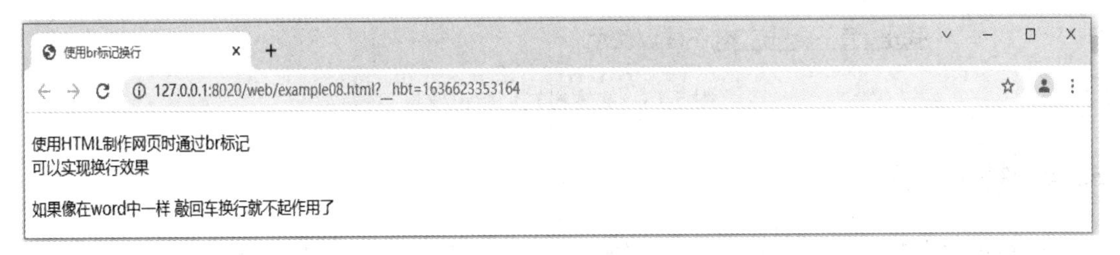

图 5-14　水平线效果

在上例中分别使用换行标记
和回车两种方式进行换行，从运行效果中可以看出使用换行标记
的段落实现了换行的效果，而使用回车键换行的段落在浏览器中并没有换行。

5.2.3　文本格式化标记

文本格式化标记用来定义网页上文本的加粗、倾斜、添加下画线等，常用的格式化标记如表 5-3 所示。

表 5-3　常用的格式化标记

标 记 名	含　义
<b> </b> <strong> </strong>	文本加粗，推荐使用<strong> </strong>
<i></i> <em> </em>	文本倾斜，推荐使用<em> </em>
<u> </u> <ins> </ins>	文本添加下画线，推荐使用<ins> </ins>

【案例实践 5-5】 文本格式化标记的应用。

示例代码如图 5-15 所示。

```
1  <!DOCTYPE html>
2  <html>
3      <head>
4          <meta charset="utf-8">
5          <title>文本装饰标记的使用</title>
6      </head>
7      <body>
8          <p>我是正常显示的文本</p>
9          <p><b>我是使用b标记加粗的文本</b>,<strong>推荐使用strong加粗</strong></strong></p>
10         <p><i>我是使用i标记倾斜的文本</i>,<em>推荐使用em倾斜文本</em></p>
11         <p><u>我是u带下画线文本</u>,不建议使用</p>
12     </body>
13 </html>
```

图 5-15 文本格式化标记的应用

浏览器运行效果如图 5-16 所示。

我是正常显示的文本

我是使用b标记加粗的文本,推荐使用strong加粗

我是使用i标记倾斜的文本,推荐使用em倾斜文本

我是u带下画线文本,不建议使用

图 5-16 文本格式化标记效果

5.2.4 特殊字符

在网页中有时会显示一些特殊的字符，如空格、版权等，这需要在编写 HTML 代码时用一些特殊的符号来表示。表 5-4 列出了一些常用的字符代码。

表 5-4 常用特殊字符的表示

特 殊 字 符	字符的代码	含 义
空格		空格
©	©	版权
>	>	大于号
<	<	小于号

5.2.5 图像标记

1. 图像常用格式

图像是网页中重要的内容之一，目前网页上常用的图像格式主要有 JPEG(Joint Photographic Expert Group，联合照片专家组)、PNG(Portable Network Graphics，可移植网络图形)和 GIF(Graphics Interchange Format，图形交换格式)。

1) JPEG

JPEG 是目前最常见的图片格式，它只支持有损压缩，是可以把文件压缩到最小的格式，压缩算法可以精确控制压缩比。

JPEG 格式压缩的主要是高频信息，对色彩的信息保留较好，适合应用于互联网，可减少图像的传输时间。不过它的缺点也很明显，编辑和重新保存 JPEG 文件时，JPEG 会混合原始图片数据的质量下降，而且这种下降是累积性的。比如用户在网络上看到的许多模糊甚至泛绿色的表情包就是由此原因造成的。

2) PNG

PNG 诞生于 1995 年，比 JPEG 晚几年。它本身的设计目的是替代 GIF 格式，同时增加一些 GIF 文件格式所不具备的特性。

PNG 只支持无损压缩，所以它的压缩比是有上限的，但相对于 JPEG 和 GIF 来说，它最大的优势在于支持完整的透明通道，能够相容半透明/透明图像。其缺点是图片文件体积比 JPEG 格式的大，不能用于专业印刷。

3) GIF

GIF 诞生于 1987 年，它随着互联网的流行被大众熟知。GIF 文件的数据是一种基于串表压缩算法(Lempel-Ziv-Welch，LZW)的连续色调无损压缩格式。其压缩率一般在 50%左右，最多支持 256 种色彩的图像。

GIF 格式的另一个特点是在一个 GIF 文件中可以保存多幅彩色图像，如果把保存于一个文件中的多幅图像数据逐幅读出并显示到屏幕上，就可构成一种简单的动画。凭借这个特性，GIF 格式得以从 Windows 1.0 时代流行至今，而且仍然大受欢迎。

2. 图像标记

在 HTML 中，图像是由图像标记<img/>定义的，图片在网页中位置恰当，大小合适，各种属性应用合理，才能制作出图文并茂的网页。图像标记的格式为：

```
<img src = "图像 url "alt = " "title = " "/>
```

图像标记的常用属性如表 5-5 所示。

表 5-5　图像标记<img/>的常用属性

属　性	含　　义
src	值为 url，表示图像的路径
alt	值为文本，图像不能显示时的替换文本
title	鼠标悬停时显示的内容
width	设置图像的宽度
height	设置图像的高度
border	设置图像边框的宽度
vspace	设置图像顶部和底部的空白(垂直边距)
hspace	设置图像左侧和右侧的空白(水平边距)
align	值为 left、right 表示将图像对齐到左边或右边；值为 top 表示图像的顶端和文本的第一行文字对齐，其他文字居图像下方；值为 bottom 表示图像的底部和文本的第一行文字对齐，其他文字居图像下方；值为 middle 表示图像的水平中线和文本的第一行文字对齐，其他文字居图像下方

下面通过几个例题讲解图像标记的属性。

【案例实践 5-6】 图像标记 alt 属性和 title 属性的应用。

示例代码如图 5-17 所示。

```
1 <!DOCTYPE html PUBLIC "-//W3C//DTD XHTML 1.0 Transitional//EN"
  "http://www.w3.org/TR/xhtml1/DTD/xhtml1-transitional.dtd">
2 <html xmlns="http://www.w3.org/1999/xhtml">
3 <head>
4 <meta http-equiv="Content-Type" content="text/html; charset=utf-8" />
5 <title>图像标记img的alt属性</title>
6 </head>
7 <body>
8 <img src="img/in.jpg" alt="绿色宠物医院宠物治疗" title="绿色宠物医院-蚂蚁"/>
9 </body>
10 </html>
```

例 5-17 图像标记 alt 属性和 title 属性

代码在浏览器中运行时，当图片正常显示，运行效果如图 5-18 所示；当图片无法正常显示时，运行效果如图 5-19 所示；当图片正常显示且鼠标指针悬停在图片上时，显示设置在“title”属性中的文字，该文本为图片添加描述性文字，运行效果如图 5-20 所示。

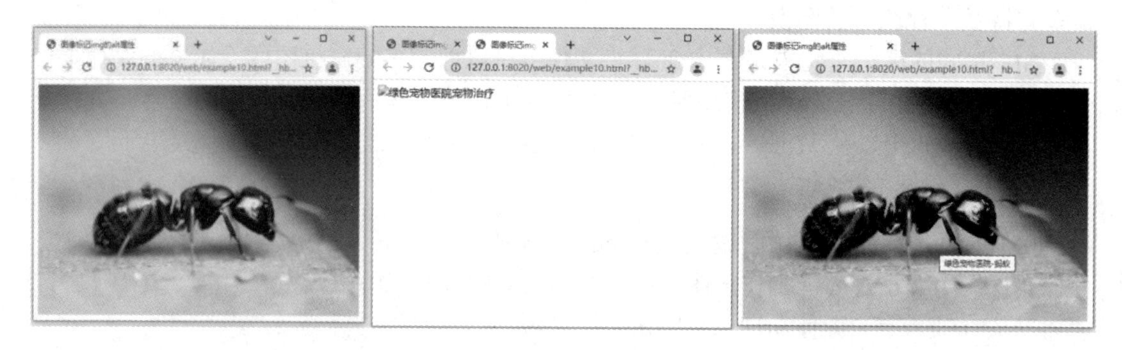

图 5-18 图片正常　　图 5-19 图片无法正常显示　　图 5-20 title 属性效果

【案例实践 5-7】 图像标记 border 属性和 width 属性的应用。

示例代码如图 5-21 所示。

```
1 <!DOCTYPE html PUBLIC "-//W3C//DTD XHTML 1.0 Transitional//EN"
  "http://www.w3.org/TR/xhtml1/DTD/xhtml1-transitional.dtd">
2 <html xmlns="http://www.w3.org/1999/xhtml">
3 <head>
4 <meta http-equiv="Content-Type" content="text/html; charset=utf-8" />
5 <title>图像的宽高和边框属性</title>
6 </head>
7 <body>
8 <img src="img/in.jpg" alt="绿色宠物医院宠物治疗" title="绿色宠物医院-蚂蚁" border="2"/>
9 <img src="img/in.jpg" alt="绿色宠物医院宠物治疗" title="绿色宠物医院-蚂蚁" width="120"/>
10 <img src="img/in.jpg" alt="绿色宠物医院宠物治疗" title="绿色宠物医院-蚂蚁" width="120"
  height="100"/>
11 </body>
12 </html>
```

图 5-21 图像标记 border 属性和 width 属性

浏览器运行效果如图 5-22 所示。

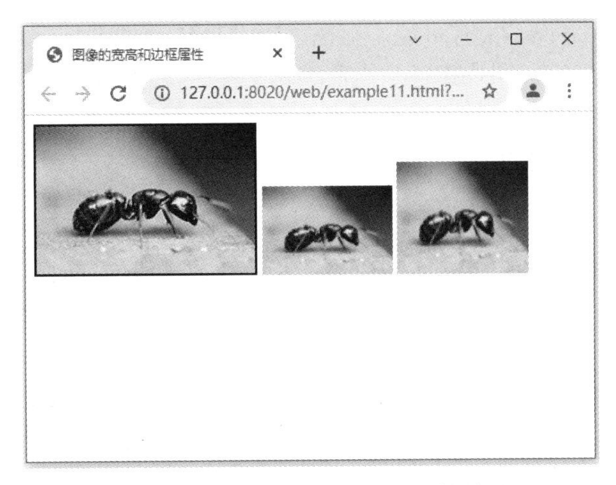

图 5-22　border 属性和 width 属性效果

【案例实践 5-8】　图像标记 vspace 属性、hspace 属性和 align 属性的应用。

示例代码如图 5-23 所示。

```
1 <!DOCTYPE html PUBLIC "-//W3C//DTD XHTML 1.0 Transitional//EN"
  "http://www.w3.org/TR/xhtml1/DTD/xhtml1-transitional.dtd">
2 <html xmlns="http://www.w3.org/1999/xhtml">
3 <head>
4 <meta http-equiv="Content-Type" content="text/html; charset=utf-8" />
5 <title>图像的边距和对齐属性</title>
6 </head>
7 <body>
8 <img src="img/in.jpg" alt="绿色宠物医院宠物治疗"  border="1" hspace="50" vspace="20"
  align="left" />
9 规定设立从事动物诊疗活动的机构，应当向县级以上地方人民政府兽医主管部门申请动物诊疗许可证。国家实行执业兽医资
  格考试制度。具有兽医相关专业大学专科以上学历，经考试合格的，方可获得执业兽医资格证书。从事动物诊疗的，还应向
  当地县级以上地方人民政府兽医主管部门申请注册。
10 </body>
11 </html>
```

图 5-23　vspace 属性、hspace 属性和 align 属性的应用

浏览器运行效果如图 5-24 所示。

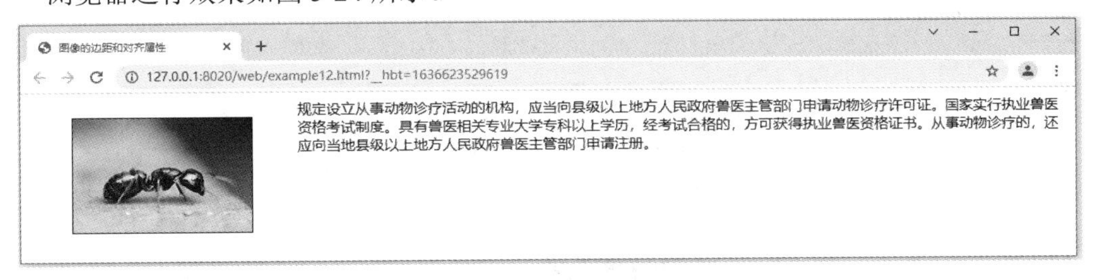

图 5-24　vspace 属性、hspace 属性和 align 属性的效果

从运行结果可以看出，图片在左边，且图片的水平边距和垂直边距都已显示。

3. 绝对路径和相对路径

在编辑图片和超链接时，需要知道文件的位置，而表示文件位置的方式就是路径。网页中的路径通常分为绝对路径和相对路径。

网页中不推荐使用绝对路径，因为网页制作完成之后我们需要将所有的文件上传服务器。这时图像文件可能在服务器的 C 盘，也可能在 D 盘、E 盘；可能在 web 文件夹中，也可能在

index 文件夹中。也就是说，很有可能不存在“D:\HTML + CSS\logo．gif”这样一个路径。

相对路径不带有盘符，图片路径从当前编辑文件的位置写起。

5.2.6 HTML 的超链接标记

1. 超链接标记

浏览网页时，可以通过超链接实现单击一张图片或一段文字时可链接到其他网页，它是其他网页或站点之间进行连接的元素。将相关网页链接在一起，才能构成一个网站。

超链接标记是<a>，它是一个双标记，格式为：

<a href = "跳转目标" target = "目标窗口的弹出方式">文本或图像</a>

其中：href 表示链接目标的 URL 地址；target 表示链接页面的打开方式，如果值为__self，则会在原来的窗口中打开链接目标，如果值为__blank，则会在新窗口中打开链接目标。

【案例实践 5-9】 超链接的应用。

示例代码如图 5-25 所示。

```
1 <!DOCTYPE html PUBLIC "-//W3C//DTD XHTML 1.0 Transitional//EN"
  "http://www.w3.org/TR/xhtml1/DTD/xhtml1-transitional.dtd">
2 <html xmlns="http://www.w3.org/1999/xhtml">
3 <head>
4 <meta http-equiv="Content-Type" content="text/html; charset=utf-8" />
5 <title>创建超链接</title>
6 </head>
7 <body>
8 <a href="http://www.sina.com/" target="_self">新浪</a> target="_self"原窗口打开<br
  />
9 <a href="http://www.baidu.com/" target="_blank">百度</a> target="_blank"新窗口打开
10 </body>
11 </html>
```

图 5-25 超链接的应用

在上例中创建了两个超链接，效果如图 5-26 所示。通过 href 属性将它们的链接目标指定为新浪和百度。通过 target 属性定义第一个链接页面并在原窗口中打开，效果如图 5-27 所示；第二个链接页面在新窗口中打开，效果如图 5-28 所示。

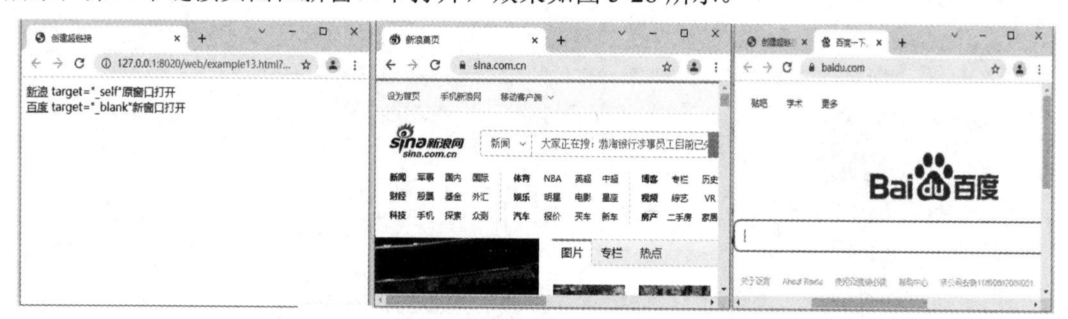

图 5-26 超链接页面　　图 5-27 链接到新浪首页　　图 5-28 链接到百度首页

2. 锚点链接

网页的内容较多，页面较长或一篇长文档可以分成若干个小节，就可以使用锚点链接快速定位到目标内容，方便阅读。

【案例实践 5-10】 锚点链接的应用。

示例代码如图 5-29 所示。

```
1 <!DOCTYPE html PUBLIC "-//W3C//DTD XHTML 1.0 Transitional//EN"
  "http://www.w3.org/TR/xhtml1/DTD/xhtml1-transitional.dtd">
2 <html xmlns="http://www.w3.org/1999/xhtml">
3 <head>
4 <meta http-equiv="Content-Type" content="text/html; charset=utf-8" />
5 <title>锚点链接</title>
6 </head>
7 <body>
8 课程介绍:
9 <ul>
10     <li><a href="#one">哺乳类宠物</a></li>
11     <li><a href="#two">爬行类宠物</a></li>
12     <li><a href="#three">鸟类宠物</a></li>
13     <li><a href="#four">鱼类宠物</a></li>
14     <li><a href="#five">昆虫类宠物</a></li>
15 </ul>
16 <p>宠物的种包罗万象，按照动物学分类可以分为：哺乳类宠物、爬行类宠物、鸟类宠物、鱼类宠物和昆虫类宠物。</p>
17 <h3 id="one">哺乳类宠物</h3>
18 <p>哺乳类动物是恒温胎生的脊椎动物，几乎遍布全球。哺乳类宠物种类非常多，在宠物中占有很大的数量和比例。哺乳类宠物的代表有
   狗、猫、鼠、兔、马、牛、羊等，分为草食、肉食和杂食三种类型。</p>
19 <br /><br /><br /><br /><br /><br /><br /><br /><br /><br /><br /><br /><br /><br />
20 <h3 id="two">爬行类宠物</h3>
21 <p>爬行类动物被认为是两栖类动物进化到哺乳类动物的过渡，比两栖类动物更容易适应陆地环境，种类有蜥蜴、蛇、龟和鳄鱼等。爬行类宠物骨骼
   较发达，不是胎生而是卵生，卵外有着坚硬的外壳，就是我们俗称的"蛋"。</p>
22 <br /><br /><br /><br /><br /><br /><br /><br /><br /><br /><br /><br /><br /><br />

23 <h3 id="three">鸟类宠物</h3>
24 <p>也是十分受欢迎的宠物种类，自古至今就受到许多人的喜爱。据统计全世界人们所知的鸟类就有近9000种。鸟类宠物通常长有两只脚而不是四
   肢，基本都带有羽毛，长有两翼、拥有气囊、骨骼中空，所以大多非洲灰鹦鹉数都能飞翔，绝大多数都习惯于树栖生活。</p>
25 <br /><br /><br /><br /><br /><br /><br /><br /><br /><br /><br /><br /><br /><br />
26 <h3 id="four">鱼类宠物</h3>
27 <p>鱼类是最古老的脊椎动物，它们主要栖息在水中。一般鱼类宠物游姿百态、色彩斑斓、体型各异，十分具有观赏价值。它们拥有鳞片和流线型的
   鳍，还有可以在水底呼吸的腮，有的还可以用皮肤呼吸。</p>
28 <br /><br /><br /><br /><br /><br /><br /><br /><br /><br /><br /><br /><br /><br />
29 <h3 id="five">昆虫类宠物</h3>
30 <p>昆虫类宠物一般是节肢动物中的成员，目前已知的约有100万种，它们的身体内部并没有坚硬的骨骼，身体外部一般拥有壳，其特点是由头
   部、胸部、腹部三个部分组成。一般常见的昆虫类宠物有蚂蚁、蟋蟀、蝴蝶、蜻蜓、桑蚕和蝈蝈等。</p>
31 </body>
32 </html>
```

图 5-29　锚点链接的应用

在浏览器中，当单击“哺乳类宠物”时，会跳转到哺乳类宠物的相应内容，且在标题处会有相关内容介绍。同样地，当分别单击“爬行类宠物”“鸟类宠物”“鱼类宠物”“昆虫类宠物”时，也能快速定位到相应内容。

5.2.7　HTML 的列表标记

列表可以使得网页上呈现的信息整齐直观，便于用户理解。列表是网页上的常见元素，这些元素使文档更加清晰明确。

1. 列表类型

常用的列表种类有定义列表、有序列表和无序列表。表 5-6 所示为创建常用列表使用的标记。

表 5-6　常用列表标记

标　记	含　　义
<ol>	定义有序列表
<ul>	定义无序列表
<li>	定义列表项
<dl>	定义定义列表
<dt>	定义定义项目
<dd>	定义定义的描述

2. 无序列表

无序列表由<ul>和<li>两种不同的标记组成，利用成对<ul></ul>标记插入无序列表，在<ul>标记之间使用成对<li></li>标记添加列表项值，这两种标记都不能单独使用。其格式为：

```
<ul>
<li>第一个列表项内容</li>
<li>第二个列表项内容</li>
<li>第三个列表项内容</li>
</ul>
```

【案例实践 5-11】 建立三个列表项的无序列表，默认的无序列表项为实心圆点。

示例代码如图 5-30 所示。

```
1  <!DOCTYPE html PUBLIC "-//W3C//DTD XHTML 1.0 Transitional//EN"
   "http://www.w3.org/TR/xhtml1/DTD/xhtml1-transitional.dtd">
2  <html xmlns="http://www.w3.org/1999/xhtml">
3  <head>
4  <meta http-equiv="Content-Type" content="text/html; charset=utf-8" />
5  <title>无序列表</title>
6  </head>
7  <body>
8  <h2>衣服</h2>
9  <ul type="circle">                          <!--对ul应用type=circle-->
10     <li>T恤</li>
11     <li>连衣裙</li>
12     <li>裤子</li>
13 </ul>
14 <h2>宠物</h2>
15 <ul>
16     <li>猫</li>                        <!--不定义type属性-->
17     <li type="square">狗</li>          <!--对li应用type=square-->
18     <li type="disc">鸟</li>            <!--对li应用type=disc-->
19 </ul>
20 </body>
21 </html>
```

图 5-30 无序列表

浏览器运行效果如图 5-31 所示。

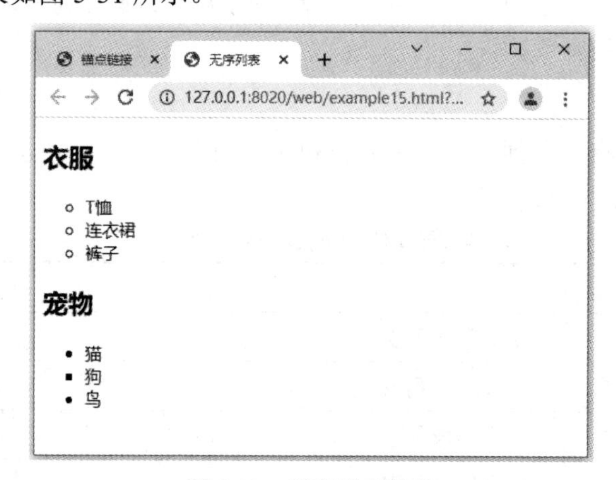

图 5-31 无序列表效果

无序列表的项目符号可以定义，需要设置<ul>标记的 type 属性，该属性的取值如表 5-7 所示。

表 5-7　无序列表 type 属性

值	含　　义
disc	默认值，实心圆
circle	空心圆
square	实心方块
none	无列表符号

3. 有序列表

有序列表除了列表项目符号与无序列表不同外，显示效果基本一致。其格式为：

<ol>
<li>第一个列表项内容</li>
<li>第二个列表项内容</li>
<li>第三个列表项内容</li>
</ol>

与无序列表定义项目符号一样，使用 type 属性进行设置，该属性的取值如表 5-8 所示。

表 5-8　有序列表 type 属性的取值

值	含　　义
1	数字顺序的有序列表(默认值)(1，2，3，4)
a	字母顺序的有序列表，小写(a，b，c，d)
A	字母顺序的有序列表，大写(A，B，C，D)
i	罗马数字，小写(i ，ii，iii，iv)
I	罗马数字，大写(I ，II，III，IV)
none	无列表符号

【案例实践 5-12】 使用 type 属性设置有序列表的项目符号，使用 start 属性设置列表项的起始值。

示例代码如图 5-32 所示。

```
1 <!DOCTYPE html PUBLIC "-//W3C//DTD XHTML 1.0 Transitional//EN"
  "http://www.w3.org/TR/xhtml1/DTD/xhtml1-transitional.dtd">
2 <html xmlns="http://www.w3.org/1999/xhtml">
3 <head>
4 <meta http-equiv="Content-Type" content="text/html; charset=utf-8" />
5 <title>有序列表</title>
6 </head>
7 <body>
8 <h2>衣服</h2>
9 <ol start="5">
10     <li>T恤</li>
11     <li>连衣裙</li>
12     <li>J裤子</li>
13 </ol>
14 <h2>宠物</h2>
15 <ol>
16     <li type="1" >猫</li>     <!--阿拉伯数字排序-->
17     <li type="a">狗</li>                  <!--英文字母排序-->
18     <li type="I">鸟</li>                  <!--罗马数字排序-->
19 </ol>
20 </body>
21 </html>
```

图 5-32　有序列表

浏览器运行效果如图 5-33 所示。

图 5-33 有序列表效果

4. 定义列表

定义列表是对术语或名词的解释和描述，使用<dl></dl>标记定义列表，使用<dt></dt>定义术语名词，使用<dd></dd>标记定义解释项。其格式为：

```
<dl>
<dt>名词 1</dt>
<dd>名词 1 解释 1</dd>
<dd>名词 1 解释 2</dd>
<dt>名词 2</dt>
<dd>名词 2 解释 1</dd>
<dd>名词 2 解释 2</dd>
</dl>
```

【案例实践 5-13】 定义列表的应用。

示例代码如图 5-34 所示。

```
1 <!DOCTYPE html PUBLIC "-//W3C//DTD XHTML 1.0 Transitional//EN"
  "http://www.w3.org/TR/xhtml1/DTD/xhtml1-transitional.dtd">
2 <html xmlns="http://www.w3.org/1999/xhtml">
3 <head>
4 <meta http-equiv="Content-Type" content="text/html; charset=utf-8" />
5 <title>定义列表</title>
6 </head>
7 <body>
8 <dl>
9     <dt>宠物分类</dt>                <!--定义术语名词-->
10    <dd>哺乳类</dd>    <!--解释和描述名词-->
11    <dd>鸟类</dd>
12    <dd>爬行</dd>
13 </dl>
14 </body>
15 </html>
```

图 5-34 定义列表的应用

浏览器运行效果如图 5-35 所示。

图 5-35　定义列表效果

项 目 小 结

本项目从页面结构元素开始介绍，针对 HTML 的主体元素、标题元素、段落元素、格式化元素、图片元素、超链接元素、列表元素等重要元素分别进行讲解，而且针对每个元素设置实例。HTML 中的相关元素还有很多，在后面的项目中将会做进一步介绍。

项 目 习 题

一、填空题

1. 段落标签是____________。
2. 水平线标签是____________。
3. 图像标签是____________。
4. 常用的列表类型有____________、____________和____________。
5. 换行标签是____________。
6. 超链接标签是____________。
7. 图片的路径分为____________和____________。
8. ©的字符代码是____________。
9. <strong></strong>表示____________。
10. 空格字符代码是____________。

二、项目实训

1. 实训目的：

(1) 掌握基本标签的用法。

(2) 掌握简单页面布局。

2. 实训内容：结合所学 HTML 元素制作一个“科技创新”网页，效果如图 5-36 所示。

图 5-36 “科技创新”效果图

参考步骤如下：

(1) 制作头部信息，结构代码具体如下：

```
9      <!--header begin-->
10
11     <p align="center">
12     <img src="img/header.jpg" width="100%"  />
13     <p align="center"  >首页    |    企业创新
14     |    城市创新
15     |    高校创新    |    创业合
   作    |    媒体中心    |    活动
   日历    |    关于我们</p>
16     <!--header end-->
```

(2) 制作正文内容信息，结构代码具体如下：

```
17     <!--article begin-->
18     <table border="0" cellspacing="2" cellpadding="0" align="center">
19
20         <tr>
21             <td>
22     <img src="img/aa.png" width="360px"  align="left" hspace="30"  />
23     </td>
24     <td>
25     <ul>
26         <li><font color="red">出行洞察：新能源汽车电池后市场</font></li>
27         <li><font color="red">预告：2021 Plug and Play Connect线上路演即将启动</font></li>
28         <li><font color="red">联合共赢：抢占战略性新兴产业制高点-----</font></li>
29         <li><font color="red">国家国际科技合作专项计划项目"采油专用耐高温</font></li>
30         <li>国家科技计划管理部际联席会议召开专题会议审</li>
31         <li>新型高强韧复相陶瓷材料改性制备技术</li>
32         <li>中国医学科学院肿瘤医院放射治疗科</li>
33         <li>2020年度国家技术发明奖获奖项目目录 </li>
34         <li>不断实现人民美好生活的向往</li>
35     </ul>
36     </td></tr>
37     </table>
38     <!--article end-->
```

(3) 制作底部内容信息，结构代码具体如下：

```
39     <!--foot begin-->
40     <hr size="30" color="blue"  width="100%" />
41     <!--foot end-->
```

项目 6　CSS 基础

学习目标

- 了解 CSS 样式的引入方式
- 了解并掌握 CSS 基础选择器的用法
- 掌握 CSS 的属性
- 理解盒模型
- 掌握盒模型属性
- 掌握 CSS 的页面布局

任务 6.1　CSS 简介

CSS 是网页设计的一种新技术。设计人员将 CSS 应用于页面布局的操作方式是一项基本技能，也是实现 Web 标准的基础。在网页制作时采用 CSS 技术，开发人员对页面的布局、字体、颜色、背景及其他效果可以有效且更加精确地实现对页面元素的控制。本任务将对什么是 CSS，CSS 的历史以及 CSS 的基本语法等基础知识进行详细的介绍。

6.1.1　什么是 CSS

层叠样式表(Cascading Style Sheet)也称为 CSS，简称样式表，有时也会称为 CSS 样式表或级联样式表。CSS 主要用于设置 HTML 页面中的文本相关样式(字体、字号、对齐方式等)、图片外形(宽高、边框样式、边距等)以及版面的布局和外观显示样式，而且还可以针对不同的浏览器设置不同的样式。

如图 6-1 所示的代码片段，CSS 采用的是内嵌方式，虽然与 HTML 在同一个文件中，但 CSS 集中写在 HTML 文档的头部，也符合结构与样式相分离。

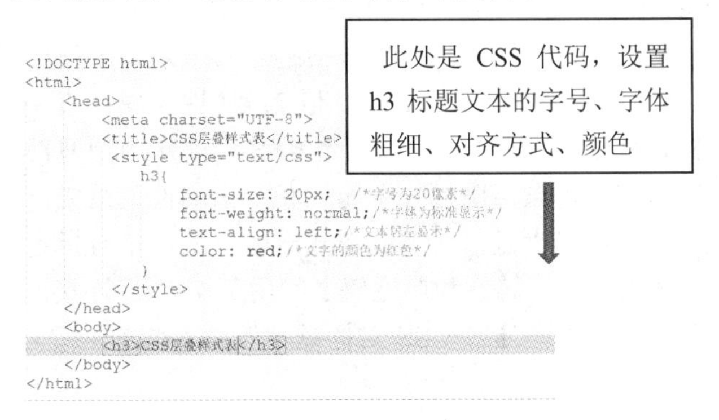

图 6-1　HTML 和 CSS 代码片段

CSS 主要有以下优点：

(1) 利用 CSS 制作和管理网页可以大大提升网页开发的工作效率。

(2) CSS 可以更加精确地控制网页的内容。

(3) CSS 样式比 HTML 属性更加丰富。

(4) CSS 定义样式灵活多样，可以根据不同的情况选择不同的定义方式，如外部样式表、内嵌样式和行内样式等。

6.1.2 CSS 的历史

HTML 语言诞生于 20 世纪 90 年代初，各种形式的样式表也随之出现。随着 HTML 功能的增加，样式(CSS)与结构(HTML)的分离显得越来越重要。CSS 发展至今经历了以下四个阶段。

1. CSS 1

1996 年 12 月，万维网联盟(W3C)公布了第一个有关样式的标准 —— CSS 1。此版本中，已经包含了字体的相关属性、颜色与背景的相关属性、文本的相关属性、box 的相关属性等。

2. CSS 2

1998 年 5 月，随着 CSS 2 的推出，样式表结构也开始使用，此版本非常受广大用户欢迎，也是当前正在使用的版本。

3. CSS 2.1

2004 年 2 月，随着技术的发展，样式表又有了新的版本 CSS 2.1。它是在 CSS 2 的基础上做了一些修改，去除了一些不被浏览器支持的属性。

4. CSS 3

在 CSS 2 基础上发展起来的下一个版本是 CSS 3，CSS 3 也在原有的基础上增加了很多强大的新功能。目前主流浏览器已经支持了 CSS 3 大部分功能。

6.1.3 CSS 的基本语法

CSS 层叠样式表与 HTML 一样都是标签语言，同样需要遵从一定的规范。要想熟练地使用 CSS 对网页进行修饰，首先需要了解 CSS 基本语法规则。CSS 规范主要由两部分组成：选择器和语句块组成，语句块是用花括号括起来的一条或多条声明语句。基本语法如下：

选择器{属性 1:属性值 1；属性 2:属性值 2；属性 3:属性值 3；}

在上面的样式规则中，选择器用于指定 CSS 样式作用的 HTML 标签对象，花括号里是一条或多条声明语句，每条声明由一个属性和一个属性值组成，是为该对象设置的具体样式。其中属性和属性值以“键值对”的形式出现，属性是对指定的对象设置的样式属性，如文本颜色、字体大小等。属性和属性值之间用英文“:”连接，多个“键值对”之间用英文“；”进行分隔。例如，通过 CSS 对标题标签<h2>设置为 25 像素蓝色字体。具体格式如下：

```
h2 {font-size:25px; color:blue;}
```

上述的代码就是一个完整的 CSS 样式。其中 h2 为选择器，表示 CSS 样式作用的 HTML 对象是<h2>标签，font-size 和 color 为 CSS 属性，分别表示字体大小和颜色，25 px 和 blue 是它们的属性值。这条 CSS 样式所呈现的效果是页面中的二级标题字体大小为 25 像素，文字颜色为蓝色。

在书写 CSS 样式时，除了要遵循 CSS 样式基本语法规则，还必须注意 CSS 代码结构中的几个特点，具体如下：

(1) CSS 样式中的选择器严格区分大小写，属性和属性值不区分大小写，按照书写习惯一般将“选择器、属性和属性值”都采用小写的方式。

(2) 多条声明语句之间必须用英文状态下的分号隔开，最后一个声明语句后的分号可以省略，但是为了便于增加新样式最好保留。

(3) 如果属性的值由多个单词组成且中间包含空格或是中文，则必须为这个属性值加上英文状态下的引号。例如：

```
p {font-family: "微软雅黑";}
```

(4) 在编写 CSS 代码时，为了提高代码的可读性，通常会加上 CSS 注释，浏览器会忽略且不会显示在浏览器窗口中，CSS 注释以“/*”开始，以“*/”结束。例如：

```
/*这是 CSS 注释文本，此文本不会显示在浏览器窗口中*/
```

(5) 在 CSS 代码中空格是不被解析的，花括号及分号前后的空格可有可无。因此可以使用空格键、Tab 键、回车键等对样式代码进行排版，即所谓的格式化 CSS 代码，这样可以提高代码的可读性。例如：

```
p {font-size:25px; color:blue;}
```

和

```
p {
    font-size:25px;
    color:blue;
}
```

上述两段 CSS 代码在浏览器中呈现的效果是一样的，但是第二种书写形式可读性更高。需要注意的是，属性值与单位之间不可以出现空格，否则浏览器解析时会出错。例如以下书写形式是错误的。

```
p {font-size:25    px;}                /*25 和 px 之间有空格是错误的写法*/
```

6.1.4　CSS 样式的使用方式

想要用 CSS 样式表来修饰网页，则需要在 HTML 文档中引入 CSS 样式表。引入 CSS 样式表的方式有：行内式、内嵌式、链入式和导入式这四种。下面将分别对这四种方式进行介绍。

1. 行内式

行内式也称为内联式，是直接在 HTML 标签中的 style 属性中添加 CSS 样式表，其基本语法格式如下：

```
<标签名 style = "属性 1:属性值 1:属性 2:属性值 2:属性 3:属性值 3:">内容</标签名>
```

上述语法格式中 style 是标签的属性，任何 HTML 标签都有 style 这个属性，可用来设置行内样式。其中属性和属性值的书写规范与 CSS 样式规范一样，行内样式只对其所在的标签或嵌套在其中的子元素起作用。

【案例实践 6-1】 行内式 CSS 样式(eg6.1.1.html)。

```
<body>
<p style = "font-size:18px; color:red; ">
使用 CSS 行内式修饰这个段落的字体大小为 18 像素且颜色为红色
</p>
</body>
```

运行结果如图 6-2 所示。

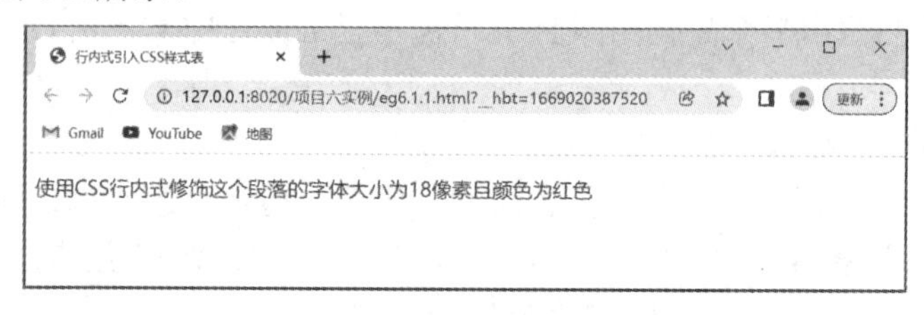

图 6-2 行内样式

从案例实践 1 可以看出，行内式是通过 HTML 标签的 style 属性来设置样式的，这样没有做到结构与样式完全分离，所以一般很少使用。只有在样式较少且只对一个元素修改样式或临时对某个元素的样式进行修改时使用。

2. 内嵌式

内嵌式是将 CSS 代码集中写在 HTML 文档的<head>头部标签对中的<style>标签对里，基本语法格式如下：

```
<head>
<style type="text/css">
    选择器 {属性 1:属性值 1:属性 2:属性值 2:属性 3:属性值 3:}
</style>
</head>
```

上述语法中，<style>标签一般位于<head>标签中的<title>标签之后，其实可以放在 HTML 文档的任何地方。但由于浏览器是从上到下解析代码，所以把 CSS 代码放在头部标签便于提前被下载和解析，避免网页内容下载后没有相应样式修饰带来的尴尬。同时必须设置 type 的属性值为“text/css”，这样浏览器才知道<style>标签包含的是 CSS 代码。

【案例实践 6-2】 内嵌式 CSS 样式(eg6.1.2.html)。

样式代码如下：

```
<style type="text/css">
h2 {text-align: center;}          /*定义标题标签水平居中对齐*/
p{
    font-size: 20px;              /* 定义段落标签字体大小为 16 像素*/
    color: green;                 /*文字颜色为蓝色*/
```

```
        text-indent: 2em;           /*首行缩进 2 个字符*/
    }
    </style>
```

结构代码如下：

```
    <body>
        <h2>内嵌式 CSS 样式</h2>
        <p>内嵌式 CSS 样式表写在<style>标签里，<style>标签一般位于<head>头部标签中的<title>
标签之后。
        </p>
    </body>
```

运行结果如图 6-3 所示。

图 6-3　内嵌式 CSS 样式

在案例实践 2 中，HTML 文档的头部使用<style>标签定义内嵌式 CSS 样式，分别设置标题标签<h2>对齐方式和段落标签<p>的文本样式。

内嵌式 CSS 样式只对其所在的 HTML 文档页面有效。因此，只设计一个页面时，使用内嵌式是个不错的选择。如果是一个网站，不建议使用这种方式，因为内嵌式 CSS 样式不能对多个页面修改样式，不能充分发挥 CSS 代码可重复使用的优势。

3. 链入式

链入式就是在网页中调用已经定义好的样式表来实现样式表的应用，它是将所有的样式放在一个或多个以 .css 为扩展名的外部样式表文件中，通过<link>标签将外部样式表文件链接到 HTML 文档中。其基本语法格式如下：

```
        <head>
        <link href="CSS 文件的路径"type="text/css"rel="stylesheet"/>
        </head>
```

上述语法中，<link/>标签应放在<head>头部标签中，并且必须指定<link/>标签的三个属性，具体如下：

- href：指定所链接外部样式表文件的 URL，可以是相对路径，也可以是绝对路径。
- type：指定所链接文档的类型，在这里 type 的值应为"text/css"，表示链接的外部文件是 CSS 样式表。
- rel：指定当前文档与被链接文档之间的关系，在这里 rel 的值应为"stylesheet"，表示被链接的文档是一个样式表文件。

【案例实践 6-3】 链入式 CSS 样式(eg6.1.3.html)。

(1) 创建 HTML 文档。

在“项目六实例”文件夹中创建一个 HTML 文档，在该文档中添加一个<h2>标题标签和一个<p>段落标签。具体代码如下：

```
<!DOCTYPE html>
<html>
    <head>
        <meta charset="UTF-8">
        <title>链入式引入 CSS 样式表</title>
    </head>
    <body>
        <h2>链入式 CSS 样式表</h2>
        <p>链入式就是在网页中调用已经定义好的样式表来实现样式表的应用，它是将所有的样式放在.css 为扩展名的外部样式表文件中，通过<link>标签将外部样式表文件链接到 HTML 文档中。</p>
    </body>
</html>
```

将该 HTML 文档命名为 eg6.1.3.html，保存在项目六实例文件夹中。

(2) 创建样式表。

打开 HBuilder 工具，在菜单栏单击“文件”→“打开目录”界面会弹出打开目录的对话框，单击“浏览”，浏览到“项目六实例”这个文件夹，单击确定，即可加载这个目录。然后右击“项目六实例”下方的“CSS”文件夹，在菜单栏单击“新建”→“CSS 文件”选项，如图 6-4 所示，之后会弹出“创建文件向导”窗口，在文件名的文本框中输入“style6.1.3.css”，最后单击“完成”按钮即可，如图 6-5 所示。

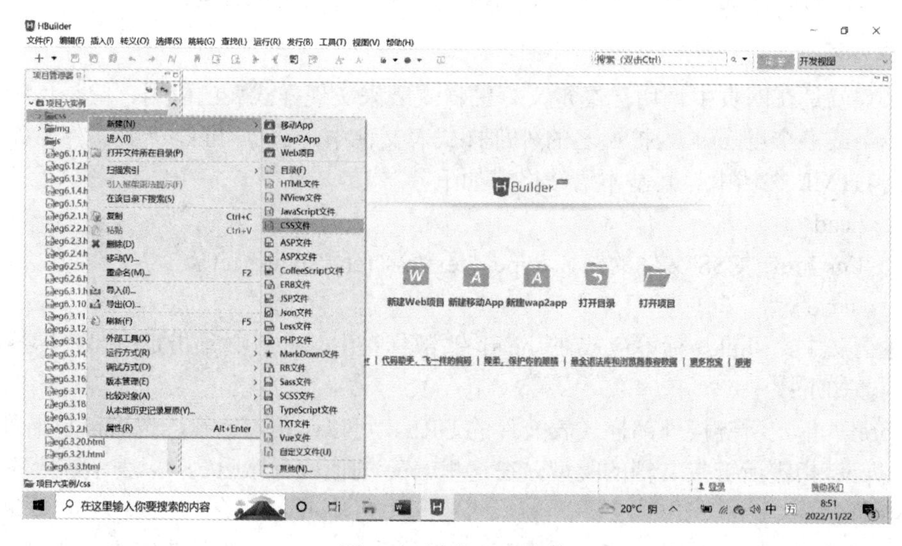

图 6-4 新建 CSS 文件

创建文件向导

创建 css 文件向导

文件已经存在.

文件所在目录(C): /项目六实例/css 浏览(B)...

文件名(F): style6.1.3.css

选择模板: 自定义模板

空白文件

完成(F) 取消

图 6-5 创建 CSS 文件

(3) 书写 CSS 样式代码。

如图 6-6 所示的 CSS 文档编辑窗口中输入以下代码，并保存 CSS 样式表文件。

```
style6.1.3.css
1 h2 {
2     text-align: center;
3     font-weight: normal;
4     color: blue;
5 }
6 p{
7     font-size: 16px;
8     text-indent: 2em;
9     color: #666;
10 }
```

图 6-6 CSS 样式代码

(4) 链接 CSS 样式表。

在案例实践 3 HTML 文档的<head>头部标签中，添加<link/>语句，将 style6.1.3.css 外部样式表文件链接到 eg6.1.3.html 文档中，具体代码如下：

```
<link rel="stylesheet" type="text/css" href="css/style6.1.3.css"/>
```

然后，保存 eg6.1.3.html 文档，在浏览器中运行，效果如图 6-7 所示。

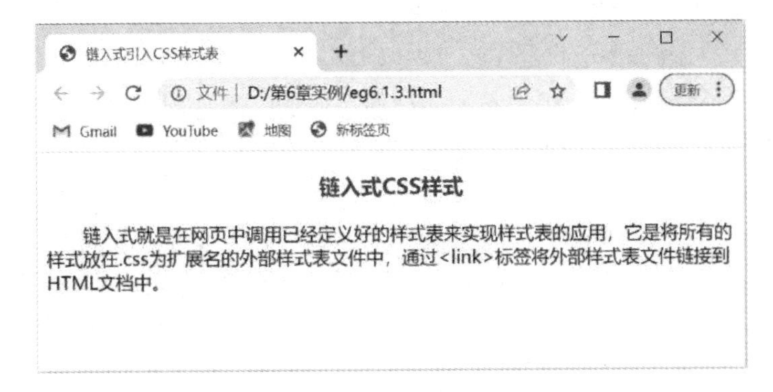

图 6-7 链入式样式表

使用链入式最大优点就是同一个 CSS 样式表可以被多个 HTML 文档链接引用，同时一个 HTML 文档也可以被多个<link/>标签链接多个 CSS 样式表，从而提高了网页开发效率。

链入式是平常使用频率最高的一种方式，也是最实用的一种 CSS 样式表。这种方式将 HTML 代码与 CSS 代码分在不同的文件中，很好地实现了结构和样式的完全分离，使得网页设计的前期制作与后期网站维护工作在很大程度上提高了工作效率。

4. 导入式

导入式就是在<head>头部标签中的<style>标签里添加@import 语句，具体语法格式如下：

```
<style type="text/css">
   @import url("CSS 样式表的地址");
</style>
```

在案例实践 6-3 中第四步链接 CSS 样式表改成用导入式的方式将 style6.1.3.css 外部样式表文件链接到 eg6.1.3.html 文档中，即可得到同样的页面效果。在 eg6.1.3.html 文档中删除<link/>语句，然后在 eg6.1.3.html 文档中<head>标签中添加@import 语句。具体代码如下：

```
<head>
    <meta charset="UTF-8">
    <title>链入式引入 CSS 样式表</title>
    <style type="text/css">
        @import url("css/style6.1.3.css");
    </style>
</head>
```

然后保存 eg6.1.3.html 文档，在浏览器中运行，效果如图 6-7 所示。

上述代码中@import url("css/style6.1.3.css")表示导入 style6.1.3.css 样式表，导入外部样式表的路径、方法跟链入式外部样式表的方法类似。

6.1.5 CSS 的两个特性(层叠性与继承性)

层叠性与继承性是 CSS 的两个重要基本特性。对于网页设计人员来说，应该深刻理解这两个特性并将它们灵活运用到网页设计当中。

1. 层叠性

层叠性是指多个 CSS 样式表的叠加和层叠。例如，当使用内嵌式 CSS 样式表定义了<h2>标签颜色为蓝色，行内式 CSS 样式表又定义了<h2>标签字号为 20 px，则<h2>标签里的文本将显示为蓝色 20 px 大小的文字，即这两种样式产生了叠加。当使用内嵌式 CSS 样式表定义了<p>标签字号为 16 px 和颜色为红色，行内式 CSS 样式表又定义了<p>标签字号为 12 px，那么<p>标签里的文本显示为 12 px 红色，两个样式表对同一个标签的同一种属性设置了不同的取值，这时属性的取值产生了冲突，此时一个样式就会覆盖(层叠)另一个有冲突的样式。具体怎么取值在 CSS 优先级这个任务中会有详细讲解。

【案例实践 6-4】 CSS 样式的层叠性(eg6.1.4.css)。

样式代码如下：

```
<style type="text/css">
    h2{
        text-align:center;
    }
    p{
        color: blue;
        font-size: 12px;
        text-indent: 2em;
        }
</style>
```

结构代码如下：

```
<body>
    <h2> CSS 样式的层叠性</h2>
    <p style="color:red">CSS 层叠性，当多个样式表对同一个标签元素对不同属性设置值时，样式会叠加；当多个样式表对同一个标签元素的相同属性设置不同的值时，此时有冲突，则一个样式就会层叠另一个样式。</p>
</body>
```

运行结果如图 6-8 所示。

图 6-8　CSS 层叠性

在案例实践 6-4 中定义了一个<p>标签，通过内嵌式样式表定义了<p>元素的颜色为蓝色，字体大小为 12 px，首行缩进 2 个字符。但在结构中又通过行内式样式表定义了<p>元素的颜色为红色，最后运行结果显示的文本是红色，12 px，首行缩进 2 个字符。从中可看出字体颜色这个属性有两个属性值，样式有冲突时，最后取离<p>标签最近的属性值红色，即样式的层叠，字号和首行缩进两个属性产生了样式的叠加。

2. 继承性

继承性是指子元素会继承父元素的某些样式，如字体大小和文本颜色。例如，父元素定义<body>的字号为 12 px，那么页面中所有的文本若没有特别设置字号这个属性时都将显示为 12 px，因为其他所有元素都嵌套在<body>标签里，都是<body>元素的子元素。继承性最大的用处在于网页设计人员不必在元素的每一个后代添加相同的样式，把那些相同的样式放在父元素的样式表里即可。这样可以减少代码重复书写，提高开发效率。

【案例实践 6-5】 CSS 样式的继承性(eg6.1.5.html)。

样式代码如下：

```
<style type="text/css">
    .father {
        font-size: 16px;
            color: red;
    }
    h2{
        text-align:center;
    }
</style>
```

结构代码如下：

```
<body>
    <h2>CSS 样式的继承性</h2>
    <div class="father">
    <p>子元素可继承父元素的某些属性，并非所有属性都可继承。</p>
    <div>继承性中的特殊性</div>
    <ul>
        <li><a href="#">a 标签有默认的文本颜色和下画线是不会采用父元素的颜色属性<a/></li>
        <li>h1-h6 标签有默认的文字大小也不会采用父元素的字号属性</li>
    </ul>
    </div>
</body>
```

运行结果如图 6-9 所示。

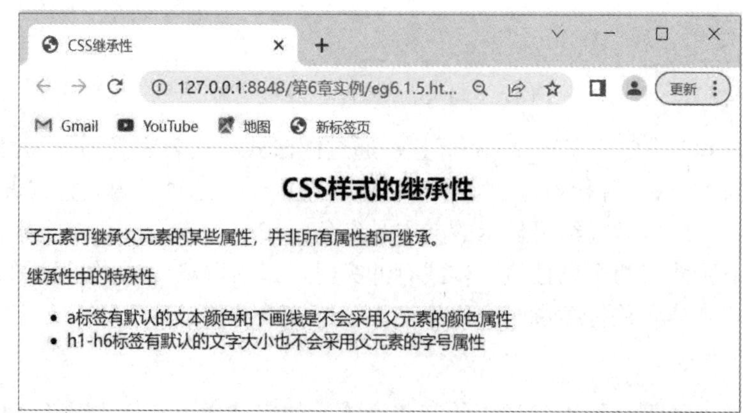

图 6-9　CSS 继承性

在案例实践 6-5 中父元素 div 的样式定义了字体大小为 16 px，文字颜色为红色，尽管父元素 div 里的子元素并没有定义字体大小和文字颜色，但是运行结果除了 a 标签的颜色没有继承父元素，其他子元素的文本都按照父元素的样式显示，字体大小 16 px，文字颜色为红色。这表明子元素继承了父元素的样式。

合理地使用 CSS 的继承性可以简化代码，提高代码的书写效率和降低 CSS 样式的复杂性。但是，在网页设计中过度使用继承样式会增加判断样式来源的难度。因此，对于字体属性、文本属性等网页中通用的样式，可以使用继承。例如，字体类型、字号大小、文本颜色、行距等可以在<body>元素中统一设置，通过继承这一特性对文档中所有文本设置样式，从而使页面外观比较统一。

并不是所有的 CSS 属性都可以继承，以下这些元素属性便不具有继承性：

- 边框属性；
- 内外边距属性；
- 背景属性；
- 定位属性；
- 布局属性；
- 元素的宽高属性。

任务 6.2　CSS 选择器

6.2.1　CSS 基础选择器

若要将 CSS 样式应用到特定的 HTML 元素，首先需要使用 CSS 选择器找到目标元素。选择器根据不同需求选出不同的标签，这就是选择器的作用。CSS 中基础选择器有标签选择器、类选择器、ID 选择器和通配符选择器，下面将对它们逐一介绍。

1. 标签选择器

标签选择器是指使用 HTML 标签名称作为选择器，按照标签名称对页面中某一类标签进行分类，并为它们指定相同的 CSS 样式。其基本语法格式为：

```
标签名{属性 1:属性值 1;属性 2:属性值 2;属性 3:属性值 3;}
```

上述语法中，所有的 HTML 标签名都可以作为标签选择器，如 p,div,h1,span,a 等。使用标签选择器定义的样式对同一个 HTML 文档中同类型的所有标签都有效。比如，如果使用<p>标签作为选择器定义了某些样式，那么该页面中所有的段落都具有相应的样式。代码如下：

```
p {font-size:16px; color:#ccc; font-family:"微软雅黑";}
```

上述 CSS 样式代码对其所在的 HTML 页面中所有<p>标签里的文本字体大小为 16 px、颜色为 #CCC、字体为微软雅黑。

标签选择器最大的优点是能快速为页面中同类型的标签设置统一样式。但是，它的缺点是无法对元素进行个性化设计样式。

2. 类选择器

类选择器是网页开发人员常用的选择器，用英文点号“.”开头，后面紧跟类名，其基本语法格式如下：

.类名{属性 1:属性值 1;属性 2:属性值 2;属性 3:属性值 3;}

上述语法是类选择器的 CSS 样式定义。如果将样式应用于 HTML 网页的某个元素或某几个元素，需要在该元素标签内添加一个 class 属性，属性值等于该类名。注意，不需要加英文点号，只是类名。类选择器的最大优势是可以为某个元素单独定义样式，也可以为多个元素定义相同的样式。根据页面需求来定义样式，是一种比较实用的方式。

下面通过案例来进一步理解类选择器的定义和使用。

【案例实践 6-6】 类选择器(eg6.2.1.html)。

样式代码如下：

```
<style type="text/css">
    .center { text-align: center;}
    .red { color: red;}
    .blue { color: blue; }
    .in{ text-indent: 2em; }
    p {
        font-size: 16px;
        font-family: "微软雅黑";
    }
</style>
```

结构代码如下：

```
<body>
    <h3 class="center">类选择器的使用</h3>
    <p class="red in">第一段为红色的文字且首行缩进两个字符,调用了名为 red 和 in 两个类</p>
    <p class="blue in">第二段为蓝色的文字且首行缩进两个字符，调用了名为 blue 和 in 两个类</p>
    <p>这里是第三段文字</p>
</body>
```

运行结果如图 6-10 所示。

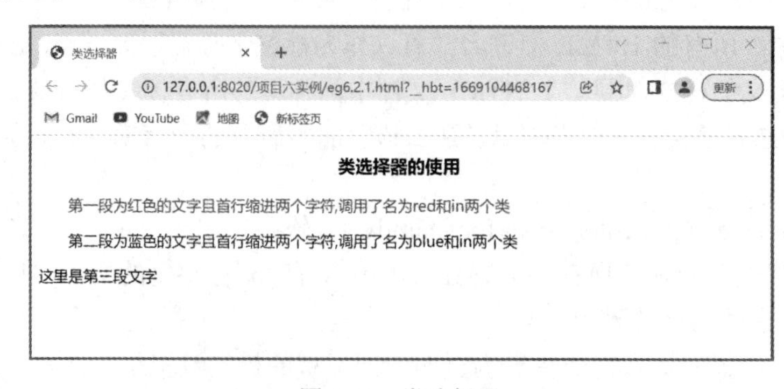

图 6-10 类选择器

在案例实践6-6中，<style>头部标签对里定义了三个类选择器和一个<p>标签选择器，类选择器分别以“center”“red”“blue”为类名。标题和前两段都通过设置class属性值调用相应的类。段落1和段落2调用两个不同的类设置了不同的颜色，还通过调用同一个类设置相同的样式都首行缩进两个字符。可见类选择器可以为元素定义单独的样式，也可以为多个元素定义相同的样式，只需要对多个标签的class属性取相同的属性值即可。<p>标签选择器为该页面中的三个段落设置了公共样式，即三个段落文本字体大小都为16 px，字体为微软雅黑。标签选择器只要定义好样式就会应用于该页面中的同类标签，不需要调用；而类选择器需要定义样式，需要用的标签可通过class属性调用。

注意：类名的首字符不能使用数字，并且严格区分大小写，通常采用小写的英文字符，最好观其名而知其意。

3. id选择器

id选择器可以用定义元素特有的样式，以“#”开头，后面紧跟id名，其基本语法格式如下：

```
#id名{属性1:属性值1;属性2:属性值2;属性3:属性值3;}
```

上述语法是id选择器CSS样式的定义语法格式。如果要将样式应用于HTML网页的某个元素，则需要在该元素添加一个id属性，属性值等于该id名，不需要加“#”。元素id值是唯一的，即id选择器定义的样式只能应用文档中某一个具体的元素，不能重复调用，而类选择器可以重复调用。

4. 通配符选择器

通配符选择器用“*”号表示，它匹配HTML文档中所有的元素。它是所有选择器中作用范围最广的一种。其基本语法格式如下：

```
*{属性1:属性值1;属性2:属性值2;属性3:属性值3;}
```

下面通过案例来进一步理解id选择器和通配符选择器。

【案例实践6-7】 id选择器和通配符选择器的使用(eg6.2.2.html)。

样式代码如下：

```
<style type="text/css">
    * {
        font-size: 12px;
        color: #666;
        font-family: "微软雅黑";
    }
    #center {text-align: center;}
    #font22 {font-size: 22px;}
    #blue {color: blue;}
</style>
```

结构代码如下：

```
<body>
    <h2 id="center">id选择器和通配符选择器</h2>
```

```
        <p id="font22">段落 1，调用 id 名为 font22 的 id 选择器，字号为 22 像素。</p>
        <p>段落 2，使用通配符选择器定义的公共样式，字号为 12 像素，颜色为#666。</p>
        <p id="blue">段落 3，调用 id 名为 blue 的 id 选择器，文本颜色为蓝色。</p>
        <p id="font22 blue">段落 4，想通过 id="font22 blue"同时调用 font22 和 blue 两个 id 选择器，
    来实现设置字号为 22 像素和文本颜色为蓝色。能达到这样的显示效果吗？</p>
    </body>
```

运行结果如图 6-11 所示。

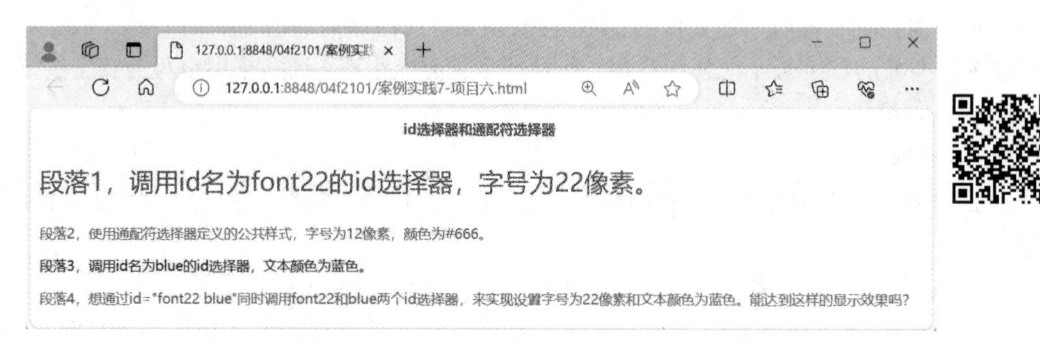

图 6-11 id 选择器和通配符选择器

上述案例中，<style>头部标签对里使用通配符选择器和 id 选择器定义了样式。从运行结果来看，如果页面中的元素没有私自定义相同的属性值，那么它们都会采用通配符里的样式来显示文本，但若有些元素定义了自己的样式，就不再使用通配符的样式。例如，页面元素中段落 3 定义了自己的颜色，它就采用自己定义的颜色来显示，而其他元素没有定义颜色，则使用通配符选择器定义的颜色。同样，段落 1 通过 id 选择器定义了字号，那么就会显示自己定义好的字号，而其他元素则使用通配符选择器定义的字号。也就是说，通配符选择器定义好的样式对页面所有元素有效，无须调用。若样式有冲突，则会采用优先级高的样式。值得注意的是，多个标签调用同一个 id 号，浏览器并不报错，同时还会显示出对应的效果，但是这种做法是错误的，因为有的脚本语言多个元素 id 名相同是会报错的；另一个就是 id 选择器不能像类选择器那样多个类名赋值给同一个对象。例如：第四个<p>标签的 id 属性赋了两个值，但是并没有显示对应的效果，说明 id 属性不像 class 属性那样一次可以赋多个值，只能一个 id 属性对应唯一一个 id 值。在实际网页开发中不常用通配符选择器，因为它设置的样式会匹配所有的 HTML 标签，不管该标签是否需要该样式，应用范围太广，会降低代码的运行速度。

6.2.2 CSS 派生选择器(上下文选择器)

CSS 派生选择器是依据元素在其位置的上下文关系来定义样式，这样可使代码更加简洁和精确。在 CSS1 中，通过这种方式来设置规则的选择器被称为上下文选择器，这是因为它们依赖于上下文关系来应用或者避免某项规则。在 CSS2 中，上下文选择器又被称为派生选择器，但无论如何称呼它们，它们的作用是相同的。派生选择器可分为三种：后代选择器、子元素选择器、相邻兄弟选择器。下面将对后代选择器和子元素选择器进行介绍，相邻兄弟选择器会在后面的任务中进行介绍。

1. 后代选择器

后代选择器又称包含选择器，它是用来选择某元素的后代元素。其语法结构就是把外层标签写在前面，内层标签写在后面，之间用空格分隔，被选中的标签就是最后那个标签，也就是最里面那层子元素标签。当多个标签发生嵌套时，内层标签就是外层标签的后代。其基本语法格式如下：

选择器 1 选择器 2{属性 1:属性值 1;属性 2:属性值 2;属性 3:属性值 3;}

上述语法中，选择器 2 是选择器 1 的后代，样式表只对选择器 2 所对应的元素产生效果。

下面通过案例来进一步理解后代选择器的定义和使用。

【案例实践 6-8】 后代选择器(eg6.2.3.html)。

样式代码如下：

```
<style type="text/css">
    div p {
        font-size: 12px;
        color:blue;
    }
</style>
```

结构代码如下：

```
<body>
    <p>这是第一个段落，与 div 元素相邻，是 div 的兄弟。</p>
    <div>
        <p>这是第二个段落，嵌套在 div 里，是 div 的后代。</p>
        <span >
            <p>这是第三个段落，不是直接嵌套在 div 里，而是嵌套在 div 的子级 span 元素里。</p>
        </span >
    </div>
</body>
```

运行效果如图 6-12 所示。

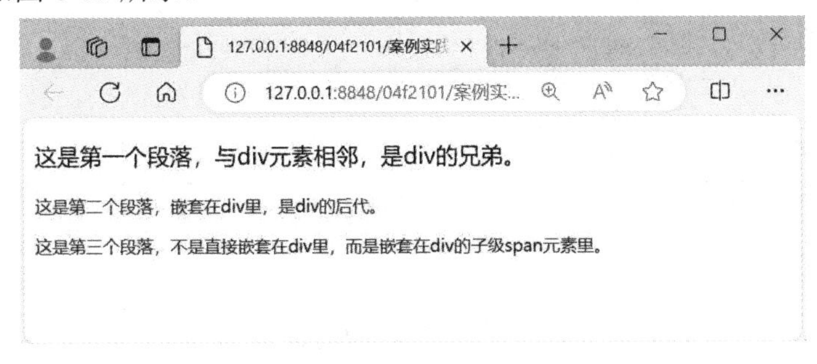

图 6-12　后代选择器

在上述案例中，有三个<p>标签，其中一个<p>与<div>相邻，第二个<p>直接嵌套在<div>里，第三个<p>标签是嵌套在<div>的子元素<span>标签里。第一个<p>是 div 的兄弟元素，第二个和第三个<p>都是 div 后代。然而后代选择器 div p 定义的样式对<div>里的所有后代<p>元素都有效，只要是 div 的后代就可以。运行效果如图 6-12 所示，从图中可看出后代选择器 div p 的样式只对嵌套在<div>里的段落<p>产生效果，而与<div>相邻的段落<p>无效。也就是后代选择器不只限于两层嵌套，可以更多层嵌套，只要是后代都有效。

2. 子元素选择器

子元素选择器用于选择某个元素的最近一级子元素，这一点与后代选择器有很大不同，子元素与父元素必须是直接嵌套关系，不能是多层嵌套。其语法结构就是外层标签写在前面，内层标签写在后面，之间用“>”连接，被选中的标签元素就是后面那个标签。其基本语法格式如下：

```
选择器 1>选择器 2{属性 1:属性值 1;属性 2:属性值 2;属性 3:属性值 3;}
```

上述语法中，选择器 2 是选择器 1 的直接子元素，样式表只对选择器 2 所对应的元素产生效果。

下面通过案例来进一步理解子元素选择器的定义和使用。

【案例实践 6-9】 子元素选择器(eg6.2.4.html)。

样式代码如下：

```
<style type="text/css">
    h2 {text-align: center;}
    p>strong {color: red;}
    p {
        text-indent: 2em;
        font-size:16px;
    }
</style>
```

结构代码如下：

```
<body>
    <h2>子元素选择器</h2>
    <p>子元素选择器与后代选择器相比较，子元素选择器选择的范围缩小到第一级子元素，而
不是所有的后代元素。<strong>记住这点很重要。</strong></p>
    <p>子元素选择器是<em><strong>用>连接。</strong></em></p>
</body>
```

运行效果如图 6-13 所示。

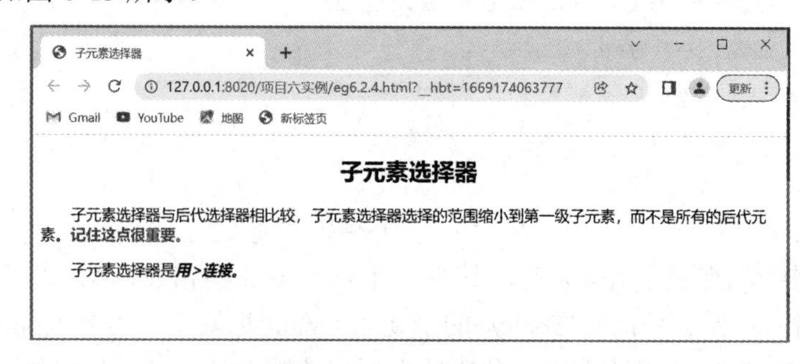

图 6-13 子元素选择器

在上述案例中，从运行效果图来看，子元素选择器 p>strong 定义的样式只对<strong>标签直接嵌套在第一个<p>标签里的文本有效，而对于第二个段落里的<strong>标签是嵌套在<p>标签的子元素<em>标签里，<p>与<strong>两个元素不是直接嵌套关系，子元素选择器 p>strong 定义的样式对第二段落里文本不起作用。子元素选择器可以精准地选择对象设置样式。

6.2.3　伪类选择器

CSS 伪类可以为一些选择器添加特殊效果。链接伪类可以根据超链接处于不同状态时设置超链接的不同样式，即给超链接在单击前、单击后、鼠标悬停和单击时四种状态设置不同的样式。本任务将对链接伪类设置超链接的样式进行详细介绍。

所谓伪类并不是真正意义上的类，它的名称是由系统定义的，通常由标签名、类名或 id 名加“:”组成。超链接<a>标签伪类的四种状态如表 6-1 所示。

表 6-1　超链接标签伪类的四种状态

超链接标签<a>的伪类	含　义
a:link{CSS 样式}	访问前超链接的状态
a:visited{CSS 样式}	访问后超链接的状态
a:hover{CSS 样式}	鼠标经过、悬停时超链接的状态
a:active{CSS 样式}	鼠标单击不动时超链接的状态

【案例实践 6-10】 超链接伪类(eg6.2.5.html)。

样式代码如下：

```
<style type="text/css">
    .header{
        height: 70px;
        background: #193725;
        line-height: 70px;
    }
    a{
        float: right;
        margin: 0 30px;
        color: #fff;
        font-size: 15px;
    }
    a:link{                          /*未访问状态*/
        color:#fff;
        text-decoration: none;
    }
    a:visited{                       /*访问后状态*/
```

```
        color:red;
        text-decoration: none;
    }
    a:hover{                              /*鼠标悬停状态*/
        color: blue;
        text-decoration:underline ;
    }
    a:active{                             /*鼠标单击不动状态*/
        color: orange;
        text-decoration: line-through;
    }
    .header .home{
        color: #32A560;
    }
</style>
```

结构代码如下：

```
<body>
    <div class="header">
    <a href="#" >Contactus</a>
    <a href="#">Shortcodes</a>
    <a href="#">About</a>
    <a href="#">Services</a>
    <a href="#" class="home">Home</a></div>
</body>
```

在案例实践 6-10 中，通过链接伪类定义超链接不同状态的样式，访问前文本颜色为白色，清除超链接默认的下画线，运行效果如图 6-14 所示。

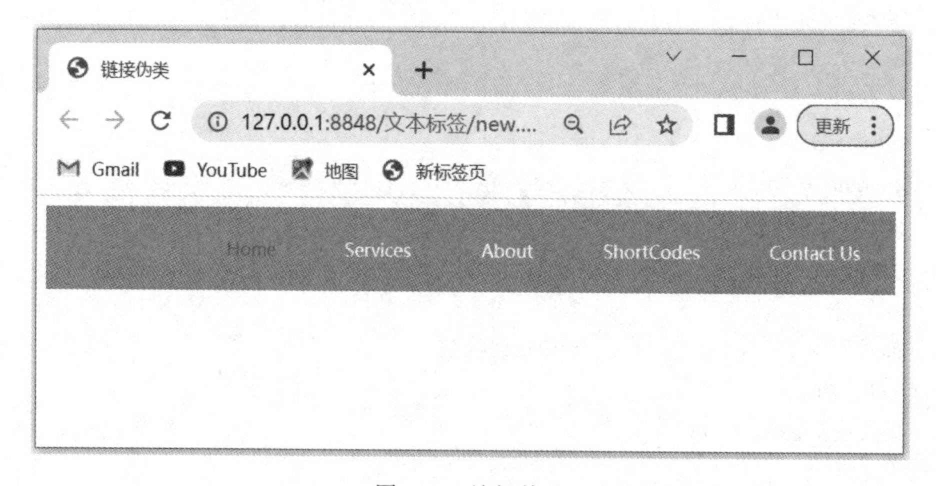

图 6-14 访问前

访问后文本颜色为红色，无下画线，运行效果如图 6-15 所示。

图 6-15　访问后

鼠标悬停在超链接时，文本颜色为蓝色，文字下方添加下画线，运行效果如图 6-16 所示。

图 6-16　鼠标悬停时

鼠标单击时不动的状态，文本颜色为橙色，文字添加删除线，运行效果如图 6-17 所示。

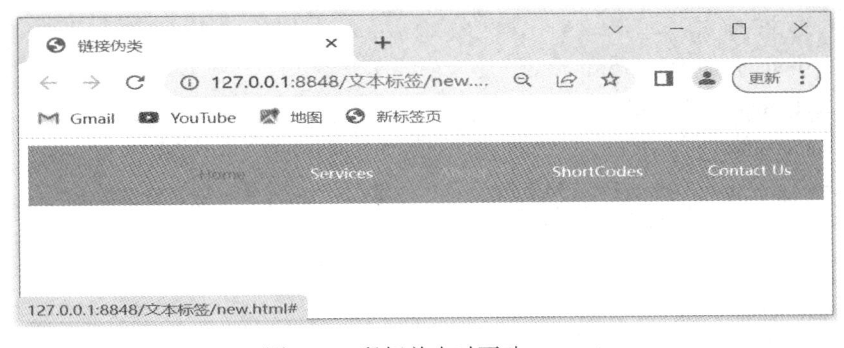

图 6-17　鼠标单击时不动

网页设计中，访问前和访问后的样式通常不变，所以对<a>元素设置样式即可，然后再通过 a:hover 伪类添加鼠标悬停时的样式。

注意：

(1) 同时使用超链接的 4 种伪类时，通常按照 a:link、a:visited、a:hover 和 a:active 的顺

序书写，否则定义的样式可能不起作用。

(2) 除了文本样式之外，链接伪类还通常更换超链接的背景、边框等样式。

任务 6.3 CSS 的属性

使用 CSS 属性可以美化网页，制作出独特而有个性的网页。因此，熟悉和掌握 CSS 常用属性是必要的。CSS 常用属性包括：CSS 背景属性、CSS 字体属性、CSS 文本属性、CSS 列表属性及 CSS 表格属性。本任务将详细介绍这些 CSS 常用属性。

6.3.1 CSS 背景属性

网页可以通过背景图像给读者留下更深刻的印象。例如，游戏类型的网站通常用卡通人物图片作为背景以突出主题，而节日主题的网站通常采用喜庆祥和的图片来突出效果。因此，在网页设计中，合理设置背景颜色和背景图片尤其重要。下面将介绍 CSS 控制背景样式的方法。

1. 设置背景颜色

在 CSS 中，使用 background-color 属性来设置网页元素的背景颜色，其属性值与文本颜色的取值一样，可使用预定义的颜色值(如 red)、十六进制#RRGGBB 或 RGB 代码 rgb(r，g，b)。background-color 的默认值为 transparent，即背景透明，此时子元素会显示其父元素的背景。

下面通过一个案例来熟悉 background-color 属性的用法。

【案例实践 6-11】 CSS 背景属性(eg6.3.1.html)。

样式代码如下：

```
<style type="text/css">
    body{background-color: #aaa;}                    /*十六进制设置页面的背景颜色*/
    h2{
        text-align: center;
        font-family: "微软雅黑";
        color: #fff;
        background-color:rgb(130,150,200);           /*RGB 代码设置标题的背景颜色*/
    }
    p{
        text-indent: 2em;
        font-size: 12px;
        background-color:burlywood;                  /*颜色值设置段落的背景颜色*/
    }
</style>
```

结构代码如下：

```
<body>
    <h2>背景颜色的用法</h2>
    <p>在 CSS 中，使用 background-color 属性来设置网页元素的背景颜色，其属性值与文本颜色的取值一样，可使用预定义的颜色值、十六进制#RRGGBB 或 RGB 代码 rgb(r，g，b)。</p>
</body>
```

运行效果如图 6-18 所示。

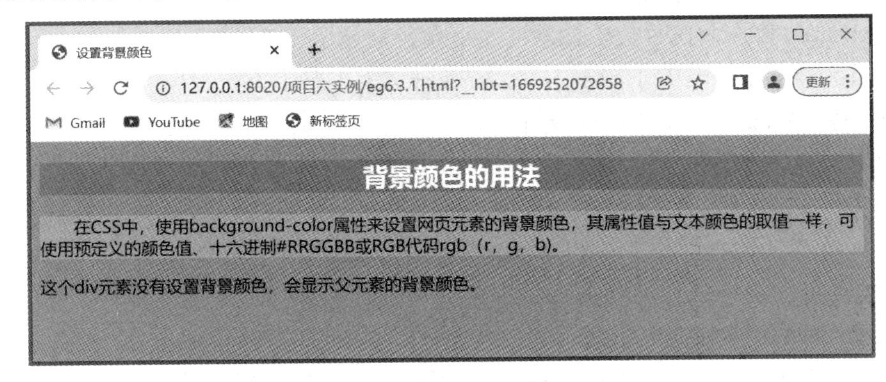

图 6-18　设置背景颜色

上述案例中，在页面中添加标题、段落及 div 三个元素，然后通过 background-color 属性三种不同的赋值方式分别设置页面、标题及段落的背景颜色。div 元素没有设置背景颜色，因此默认为透明背景(transparent)，显示其父元素的背景颜色。运行效果如图 6-18 所示。

2. 设置背景图片

背景不仅可以设置为某种颜色，还可以将图片设置为元素的背景，让网页丰富多彩。在 CSS 中通过 background-image 属性设置背景图片。

将图片设置为案例实践 11 的页面背景，首先准备好一张图片放在“img”文件夹中，然后更改 body 元素的 CSS 样式代码如下：

```
body{
    background-color: #aaa;                    /*设置页面的背景颜色*/
    background-image: url(img/bg-body.jpg);    /*将图片设置为页面的背景*/
}
```

保存 HTML 文件后，运行效果如图 6-19 所示。

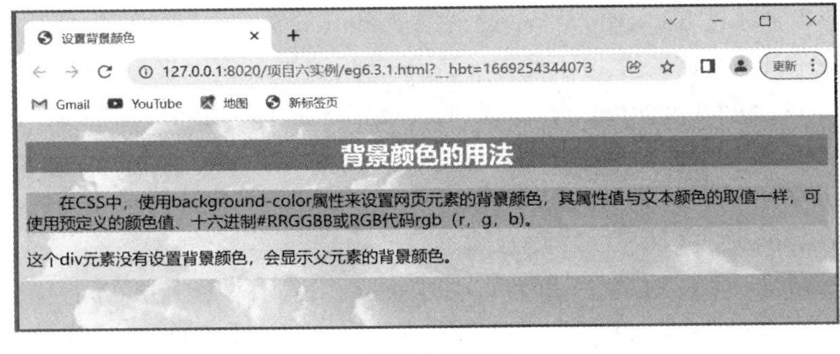

图 6-19　设置背景图片

通过图 6-19 可以看出，背景图片自动沿着水平和竖直两个方向平铺，充满整个页面，并覆盖了 body 元素的背景颜色。

3. 设置背景图像平铺

在默认情况下，背景图片会自动沿着水平和竖直两个方向平铺，如果不希望背景图片按这种方式平铺，可以通过 background-repeat 属性来控制，该属性的取值如下：

- repeat：沿水平和竖直两个方向平铺(默认值)。
- no-repeat：不平铺(图片位于元素的左上角，只显示一张图片)。
- repeat-x：只沿水平方向平铺(图片会显示在元素的最上方一行)。
- repeat-y：只沿竖直方向平铺(图片会显示在元素的最左侧一列)。

将小图片设置为案例实践 11 的页面背景，平铺方式设置为水平方向平铺，首先准备好一张小图片放在“img”文件夹中，然后更改<body>元素的 CSS 样式代码如下，同时取消标题和段落的背景颜色：

```
body{
    background-color: #aaa;                    /*设置页面的背景颜色*/
    background-image: url(img/银杏.png);       /*将图片设置为页面的背景*/
    background-repeat: repeat-x;               /*只沿水平方向平铺*/
}
```

保存 HTML 文件后，运行效果如图 6-20 所示。

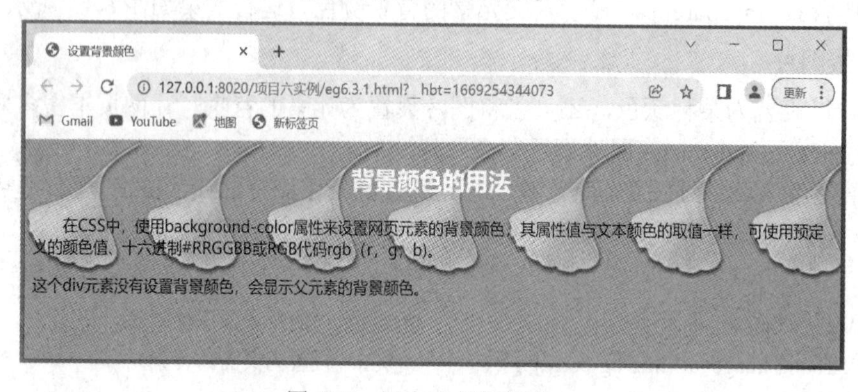

图 6-20 沿水平方向平铺

4. 设置背景图片的位置

当背景图片的平铺属性 background-repeat 设置为 no-repeat 时，图片默认显示在元素的左上角。若想调整背景图片的位置，可通过 background-position 属性来控制。

在 CSS 中，background-position 属性的值通常设置为两个，之间用空格隔开，用于定义背景图片在元素的水平和垂直方向的坐标值。例如，background-position:right center。background-position 属性的默认值为“0 0”或“left top”，即背景图片位于元素的左上角。

background-position 属性取值有多种，具体如下：

(1) 使用不同单位(最常用的是像素 px)的数值：直接设置图片左上角在元素中的坐标。例如“background-position:50 px 30 px；”。/*图片距元素的左边沿 50 px，距元素的上边沿 30 px */。

(2) 使用预定义值：指定背景图像在元素中的对齐方式。

- 水平方向值：left、center、right。
- 垂直方向值：top、center、bottom。

例如：

```
background-position: right bottom;        /*图片在元素的右下角*/
```

两个值的顺序任意，若只有一个值，则另一个默认为 center。(注：使用数值为坐标值时不能随意更换顺序。)

例如：

```
background-position:center;        相当于    background-position:center center;
background-position:top;           相当于    background-position:center top;
```

(3) 使用百分比：按背景图像和元素的指定点对齐。

- 0% 0%：表示图像左上角与元素的左上角对齐。
- 50% 50%：表示图像 50% 50%中心点与元素 50% 50%的中心点对齐。
- 20% 30%：表示图像 20% 30%的点与元素 20% 30%的点对齐。
- 100% 100%：表示图像右下角与元素的右下角对齐，而不是图像充满元素。

如果只有一个百分数，将作为水平值，垂直值则默认为 50%。

下面通过一个案例来熟悉 background-position 属性的用法。

【案例实践 6-12】 背景图片的位置 background-position 属性(eg6.3.2.html)。

样式代码如下：

```
<style type="text/css">
    body{
        background-image: url(img/银杏.png);        /*设置页面的背景图片*/
        background-repeat: no-repeat;              /*设置背景图片不平铺*/
    }
    h2{text-align: center;}
    p{font-size: 16px;text-indent: 2em;}
</style>
```

结构代码如下：

```
<body>
    <h2>设置背景图片的位置</h2>
    <p>当背景图片的平铺属性 background-repeat 设置为 no-repeat 时，图片默认显示在元素的左
上角。若想调整背景图片的位置可通过 background-position 属性来控制。</p>
    <p>background-position:0 0 或 left top(属性的默认)，即背景图片位于元素的左上角。</p>
    <p>使用不同单位(最常用的是像素 px)的数值:直接设置图片左上角在元素中的坐标。</p>
    <p>使用预定义的关键字:指定背景图像在元素中的对齐方式。水平方向值:left、center、right;
垂直方向值:top、center、bottom。</p>
</body>
```

运行效果如图 6-21 所示。

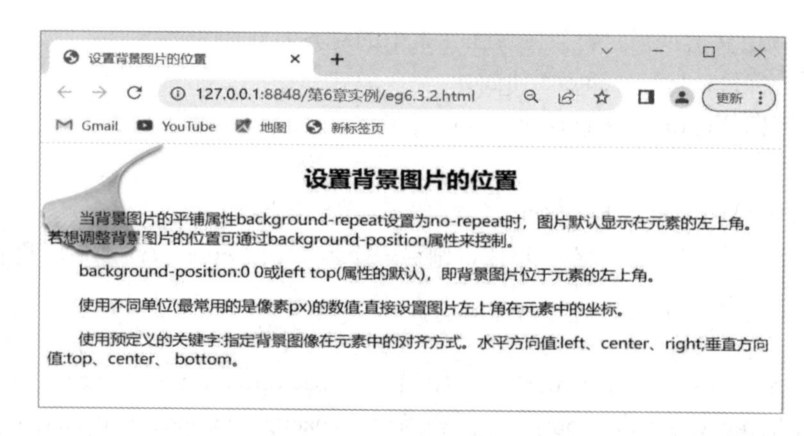

图 6-21　背景图片不平铺，默认位于左上角

若想改背景图片在元素中位置，可通过 background-position 属性设置背景图片的位置。例如，将案例实践 12 中的背景图片定义在页面最上方居中显示，可以更改<body>元素的 CSS 样式代码：

```
body{
    background-image: url(img/银杏.png);          /*设置页面的背景图片*/
    background-repeat: no-repeat;                 /*设置背景图片不平铺*/
    background-position: center top;              /*设置背景图片的位置*/
}
```

保存 HTML 文件，刷新页面，效果如图 6-22 所示，背景图片在页面的最上方居中显示。

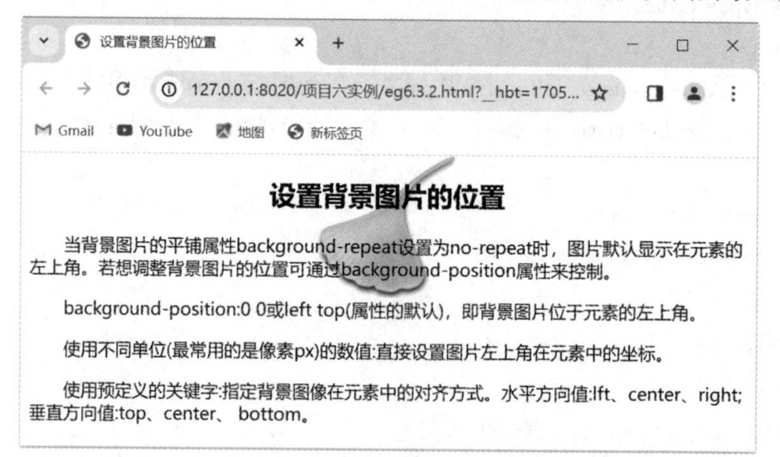

图 6-22　通过关键字设置 background-position 属性值

也可以将 background-position 属性值定义为像素值来设置背景图片在元素中的位置，例如，将案例实践 12 中<body>元素的 CSS 样式代码改为：

```
body{
    background-image: url(img/银杏.png);          /*设置页面的背景图片*/
    background-repeat: no-repeat;                 /*设置背景图片不平铺*/
    background-position: 50px 100px;              /*用像素值设置背景图片的位置*/
}
```

保存 HTML 文件，刷新网页，效果如图 6-23 所示，背景图片出现在页面距左边沿 50 px，距上边沿 100 px 的位置。

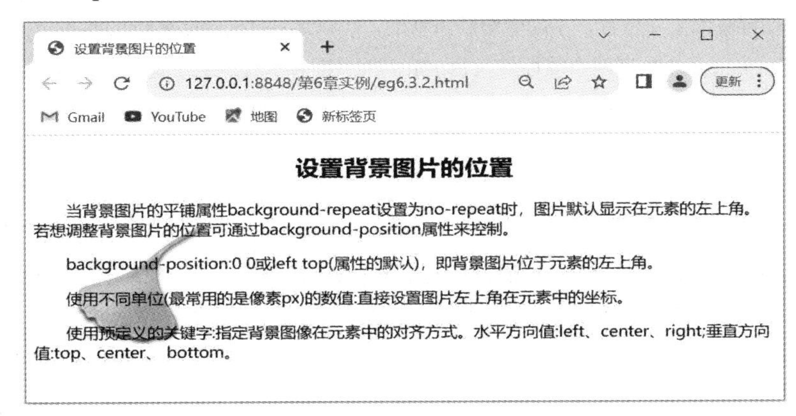

图 6-23　通过像素值设置 background-position 属性值

5. 设置背景图片固定

当网页中的内容较多时，网页中设置的背景图片会随着页面滚动条的移动而移动。若想让背景图片固定在屏幕的某一位置，不随着滚动条移动，可以通过 background-attachment 属性来控制。background-attachment 属性有两个属性值，具体含义如下：

- scroll：背景图片随页面元素一起滚动(默认值)。
- fixed：背景图片固定在屏幕上，不随页面元素滚动。

下面通过一个案例来熟悉 background-attachment 属性的用法。

【案例实践 6-13】 背景图片固定 background-attachment 属性(eg6.3.3.html)。

样式代码如下：

```
<style type="text/css">
    body{
        background-image: url(img/银杏.png);        /*设置页面的背景图片*/
        background-repeat: no-repeat;               /*设置背景图片不平铺*/
        background-position: center top;            /*背景图片在页面上方居中显示*/
        background-attachment: fixed;               /*设置背景图片固定在屏幕上不动*/
    }
    h2{text-align: center;}
    p{text-indent: 2em;font-size: 12px;}
</style>
```

结构代码如下：

```
<body>
    <h2>背景图片固定</h2>
    <p>当网页中的内容较多时，网页中设置的背景图片会随着页面滚动条的移动而移动。若想让背景图片固定在屏幕的某一位置，不随着滚动条移动，可以通过 background-attachment 属性来控制。background-attachment 属性有两个属性值，1、scroll:背景图片随页面元素一起滚动(默认值)2、fixed:背景图片固定在屏幕上，不随页面元素滚动。
```

</p>

<p>当网页中的内容较多时，网页中设置的背景图片会随着页面滚动条的移动而移动。若想让背景图片固定在屏幕的某一位置，不随着滚动条移动，可以通过 background-attachment 属性来控制。background-attachment 属性有两个属性值，1、scroll:背景图片随页面元素一起滚动(默认值)2、fixed:背景图片固定在屏幕上，不随页面元素滚动。

</p>

<p>当网页中的内容较多时，网页中设置的背景图片会随着页面滚动条的移动而移动。若想让背景图片固定在屏幕的某一位置，不随着滚动条移动，可以通过 background-attachment 属性来控制。background-attachment 属性有两个属性值，1、scroll:背景图片随页面元素一起滚动(默认值)2、fixed:背景图片固定在屏幕上，不随页面元素滚动。

</p>

</body>

运行效果如图 6-24 所示。

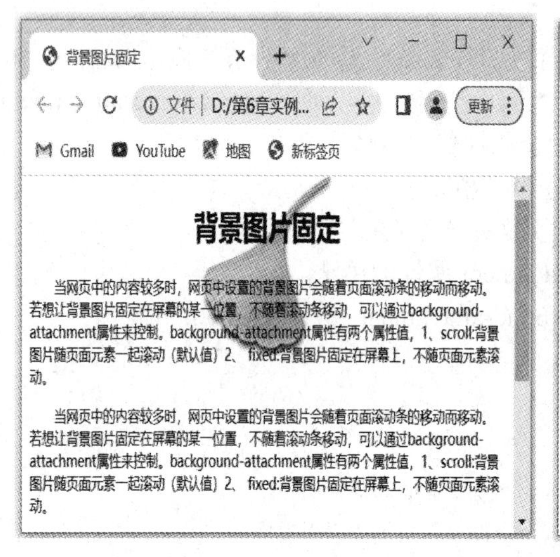

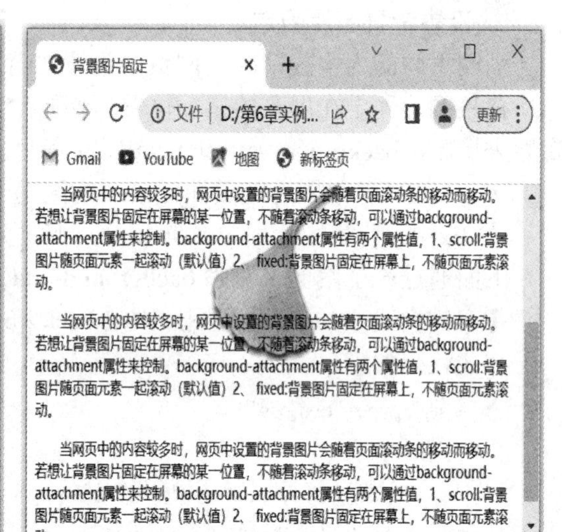

图 6-24 设置背景图片固定

从运行效果图可看出当背景图片设置“background-attachment: fixed”时，无论怎么拖动浏览器的滚动条，背景图片在屏幕上的位置都固定不变。

6. 背景复合属性

在 CSS 中背景属性是一个复合属性，可以将背景相关的样式都综合定义在一个复合属性 background 中。其语法格式下：

background:[background-color] [background-image][background-repeat] [background-attachment] [background-position];

上述语法格式中，各个样式顺序可调换，对于不需要的样式也可以省略不写。

将案例实践 6-13<body>元素的相关背景属性使用复合属性代码改写如下：

```
body{background: #ccc url(img/银杏.png) no-repeat center top;}
```

运行效果如图 6-25 所示。

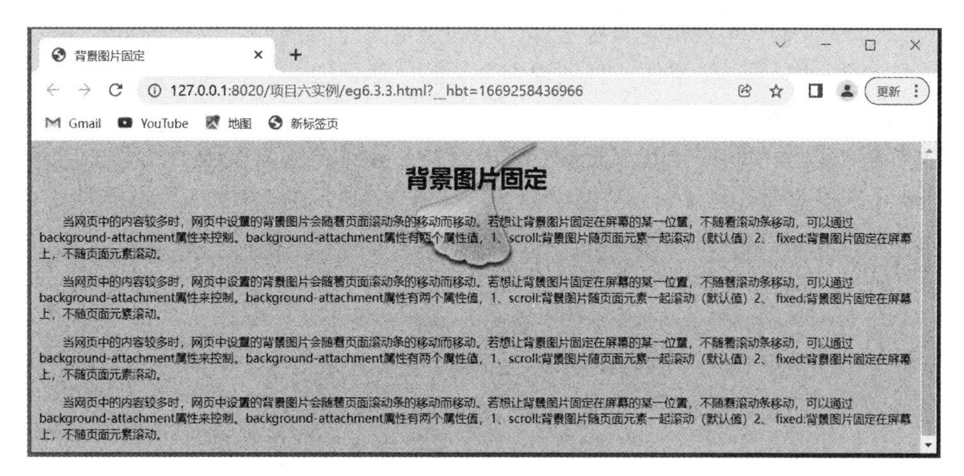

图 6-25　背景复合属性

从运行效果图可看出，使用复合属性代码与案例实践 6-13 中的几条代码效果是一样的。所以为了提高代码书写效率建议多使用复合属性。

6.3.2　CSS 字体属性

为了更好地设置页面中各种各样的字体，也是为了页面显示效果的需要，CSS 提供了一系列的字体样式属性，具体如下。

1. 字号大小(font-size)

font-size 属性用于设置字号，该属性值可以使用相对长度单位，也可以使用绝对长度单位，具体如表 6-2 所示。

表 6-2　字号 font-size 属性取值

长度单位		说　明
相对长度单位	em	相对于当前对象内文本的字体尺寸
	px	像素，常用单位
绝对长度单位	in	英寸
	cm	厘米
	mm	毫米
	pt	点

其中，相对长度单位比较常用，使用频率最高的是像素单位(px)，绝对长度单位使用较少。例如，将页面中所有 div 元素里的文本字号设置为 16 px，CSS 样式代码如下：

```
div{font-size:16px;}
```

2. 字体类型(font-family)

font-family 属性用于设置字体。网页中常用的字体有宋体、微软雅黑、黑体等。例如，将网页中所有段落文本的字体设置为宋体，CSS 样式代码如下：

```
p{font-family: "宋体";}
```

也可以同时给某一元素指定多种字体，之间用英文逗号隔开，如果浏览器不支持第一个字体，则会尝试用下一个字体，直到找到合适的字体，CSS 样式代码如下：

```
p{font-family:Arial, "黑体", "宋体";}
```

浏览器解析以上代码时，首先选择"Arial"字体，如果在用户电脑上没有安装该字体，则会选择下一种字体"黑体"，若也没有安装"黑体"则选择"宋体"。当浏览器不支持 font-family 属性中定义的所有字体时，则会采用系统默认的字体。

使用 font-family 设置字体时，需要注意以下几点：

(1) 各种字体之间必须用英文状态下的逗号隔开。

(2) 中文字体需要加英文状态下的引号，若字体名中包含空格、#、$ 等符号，则该字体也要加英文状态下的引号，如 font-family:"courier new","华文行楷"。

(3) 尽量使用常用字体，确保在任何用户浏览过程中都能正常显示。

3. 字体粗细(font-weight)

font-weight 属性用于定义字体的粗细，其属性值含义如表 6-3 所示。

表 6-3 font-weight 属性取值

值	说明
normal	默认值。定义标准的字符
bold	定义粗体字符
bolder	定义更粗的字符
lighter	定义更细的字符
100～900(100 的整数倍)	定义由细到粗的字符。其中 400 等同于 normal，700 等同于 bold，数值越大字体越粗

在实际应用中，常用的 font-weight 的属性值为 normal 和 bold，用来定义正常或加粗显示的字体。

4. 字体风格(font-style)

font-style 属性用于定义字体风格，其属性值含义如下：

- normal：标准的字体样式，默认值。
- italic：斜体的字体样式，较常用。
- oblique：倾斜的字体样式。

其中 italic 和 oblique 都用于定义斜体，两者在显示效果上并没有本质区别，在实际应用中常用的是 italic。

例如，em 标签是斜体标签，若想 em 标签里的文本正常显示，设置样式代码如下：

```
em{
    font-style: normal;
}
```

5. 综合设置字体样式(font)

font 属性用于对字体样式进行综合设置，其基本语法格式如下：

```
选择器{font:font-style font-weight font-size font-family;}
```

使用 font 属性时，必须按以上语法格式顺序书写，各个属性之间用空格隔开，其中不需要设置的属性可以省略(取默认值)，但必须保留 font-size 和 font-family 属性，否则 font 属性将不起作用。

下面通过一个案例来熟悉 CSS 字体属性的用法。

【案例实践 6-14】 CSS 字体属性(eg6.3.4.html)。

样式代码如下：

```
<style type="text/css">
    .one{
        font-style: italic;
        font-weight: 700;
        font-size: 12px;
        font-family: "微软雅黑";
    }
    .two{
        font:italic 700 12px "微软雅黑";
    }
    .three{
        font:italic 700 "微软雅黑";
    }
</style>
```

结构代码如下：

```
<body>
    <p class="one">段落 1，使用单个字体属性设置段落文本的字号、字体、字体粗细、字体风格。</p>
    <p class="two">段落 2，使用 font 属性综合设置段落文本的字号、字体、字体粗细、字体风格。</p>
    <p class="three">段落 3，使用 font 属性综合设置段落文本的字号、字体、字体粗细、字体风格。由于省略了 font-size，这时 font 属性不起作用。</p>
</body>
```

运行效果如图 6-26 所示。

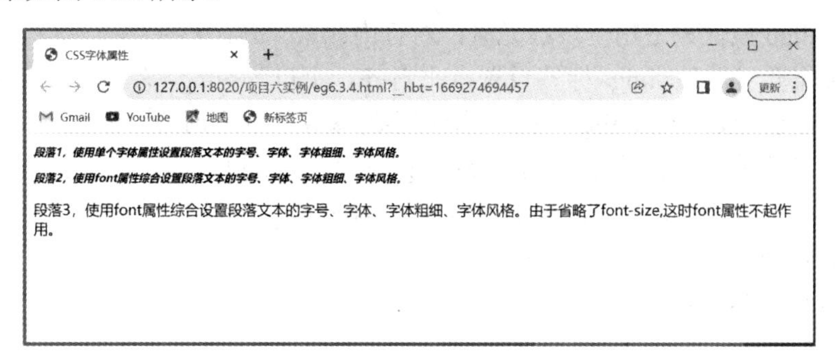

图 6-26　CSS 字体属性

在案例实践 6-14 中，定义了三个段落，通过 font-style、font-weight、font-size、font-family 等字体属性分别对段落 1 设置了样式。段落 2 使用 font 属性综合设置段落文本的字号、字体、字体粗细、字体风格，运行效果如图 6-26 所示。段落 1 和段落 2 因为属性值没有变，所以运行效果一样，只是设置样式的方式不一样。而 font 属性设置的样式并没有对段落 3 产生效果，这是因为对段落 3 的设置中省略了字号属性 font-size。所以要记住，使用 font 综合设置字体样式时，font-size 和 font-family 属性必须同时出现，不能省略。

6.3.3 CSS 文本属性

为了设置丰富多彩的文本外观，CSS 提供了一系列的文本外观样式属性，具体如下。

1. 文本颜色(color)

color 属性用于定义文本的颜色，其取值方式有以下三种：

(1) 预定义的颜色值，如 red、blue、yellow 等。

(2) 十六进制值，如 #fac3f2、#33ffaa、#888888 等。实际应用中，十六进制值是最常用的定义颜色的方式。

(3) RGB 代码，表示方法为 rgb(r, g, b)，每一个取值可以是 0～255 之间的整数，也可以是百分数，如蓝色(0, 0, 255)或(0%, 0%, 100%)。

注意：

(1) 如果使用 RGB 代码的百分颜色值，取值为 0 时也不能省略百分号，必须写成 0%。

(2) 十六进制颜色值的缩写。十六进制颜色值是由#开头的 6 位十六进制数值，每 2 位为一个颜色分量，分别表示颜色红、绿、蓝。当每个分量的 2 位十六进制数都各自相同时，可使用 CSS 缩写。例如：#ffaacc 可缩写成 #fac，#888888 可缩写成#888，#ffcccc 可缩写成 #fcc。使用颜色值的缩写可简化 CSS 代码。

2. 水平对齐方式(text-align)

text-align 属性用于设置文本内容水平对齐，相当于 HTML 中的 align 对齐属性，其可用属性值如下：

- left：文本居左对齐(默认值)。
- center：文本居中对齐。
- right：文本居右对齐。

注意：

(1) text-align 属性只适用于块级元素，对行内元素无效。

(2) 如果需要对图像<img>标签设置水平对齐，可以为<img>添加一个父元素如<p>或<div>，再对父元素设置 text-align 属性，即可实现图像的水平对齐。

下面通过一个案例来熟悉 color 和 text-align 两个属性的用法。

【案例实践 6-15】 文本颜色和水平对齐方式(eg6.3.5.html)。

样式代码如下：

```
<style type="text/css">
    h2{
        color: #666;
```

```
        text-align: center;
    }
    .one{color: blue;}
    .two{
        color: rgb(255, 0, 0);
        text-align: right;
    }
</style>
```

结构代码如下：

```
<body>
    <h2>文本颜色和水平对齐方式</h2>
    <p class="one">段落 1，对齐方式为默认值(左对齐)，使用预定义的颜色值 blue 定义文本的颜色。</p>
    <p class="two">段落 2，水平居右，使用 RGB 代码设置颜色。</p>
</body>
```

运行效果如图 6-27 所示。

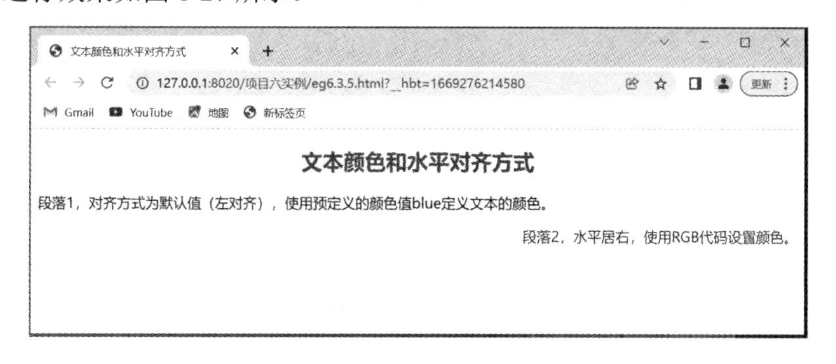

图 6-27　文本颜色和水平对齐方式

在案例实践 6-15 中，标题<h2>定义为水平居中对齐，文本颜色为 #666；段落 1 没有设置对齐方式，浏览器会使用默认水平左对齐方式显示，文本颜色为蓝色 blue；段落 2 设置为水平居右对齐，文本颜色为红色 rgb(255, 0, 0)。

3. 首行缩进(text-indent)

text-indent 属性用于设置文本首行缩进，其属性值可以为不同单位的数值、em(相对于当前页面字符宽度的倍数)，或相对于浏览器窗口宽度的百分比，允许使用负值。通常用 em 作为设置单位。

下面通过一个案例来熟悉首行缩进(text-indent)属性的用法。

【案例实践 6-16】　首行缩进(text-indent)属性(eg6.3.6.html)。

样式代码如下：

```
<style type="text/css">
    .one{text-indent: 2em;}
    .two{
```

```
            font-size: 12px;
            text-indent: 24px;
        }
    </style>
```

结构代码如下：

```
    <body>
        <p class="one">段落 1，可以通过 text-indent 属性对段落文本设置首行缩进，例如 text-indent:2em。</p>
        <p class="two">段落 2，可以通过 text-indent 属性对段落文本设置首行缩进，例如 text-indent:24px。</p>
    </body>
```

运行效果如图 6-28 所示。

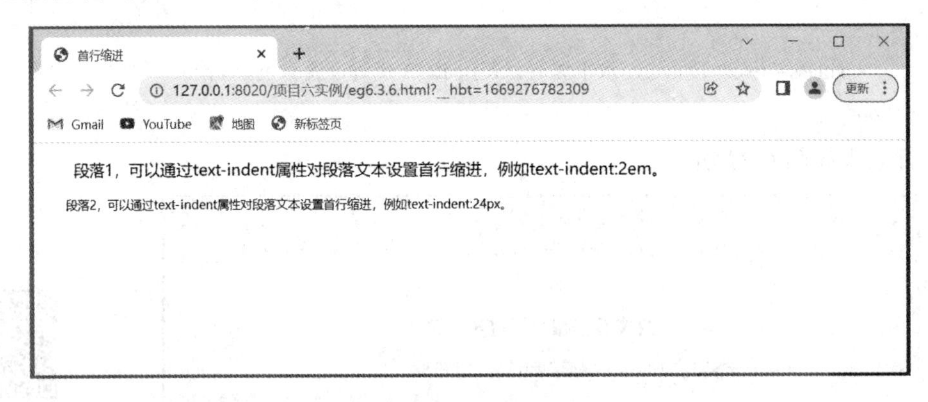

图 6-28 首行缩进

在案例实践 6-16 中，段落 1 文本设置 text-indent:2em;，em 是一个相对单位，相对当前元素字体大小来缩进两个字符，即无论字号多大，首行文本都会缩进两个字符。段落 2 文本使用绝对单位，先设置字号为 12 px，再设置 text-indent:24 px;，首行缩进的宽度是字号的 2 倍，即首行缩进两个字符的宽度。若想缩进 3 个字符，代码可改为字号的 3 倍 text-indent:36 px;。

注意：text-indent 属性仅适用于块级元素，对行内元素无效。

4. 文本装饰(text-decoration)

text-decoration 属性用于设置文本的下画线、删除线、上画线等装饰效果，其可用属性值含义如下：

- none：没有装饰(正常文本默认值)。
- underline：下画线。
- overline：上画线。
- line-through：删除线。

text-decoration 后可以赋多个值，属性值之间用空格隔开，用于给文本添加多种显示效果。例如，对文本同时添加下画线和删除线，代码可设置为 text-decoration：underline line-through;。在实际开发中，常用是 none 和 underline 两个属性值，none 这个属性值可以取消某些元素自带的文本装饰。例如，a{text-decoration: none;}，这样超链接自带的下画线会被取消。

下面通过一个案例来演示 text-decoration 各个属性值的显示效果。

【案例实践 6-17】 text-decoration 属性(eg6.3.7.html)。

样式代码如下：

```
<style type="text/css">
    .one{text-decoration: underline;}
    .two{text-decoration: overline;}
    .three{text-decoration: line-through;}
    .four{text-decoration: underline line-through;}
</style>
```

结构代码如下：

```
<body>
    <p class="one">段落 1，通过 underline 对文本设置下画线。</p>
    <p class="two">段落 2，通过 overline 对文本设置上画线。</p>
    <p class="three">段落 3，通过 line-through 对文本设置删除线。</p>
    <p class="four"> 段落 4，同时设置下画线和删除线。</p>
</body>
```

运行效果如图 6-29 所示。

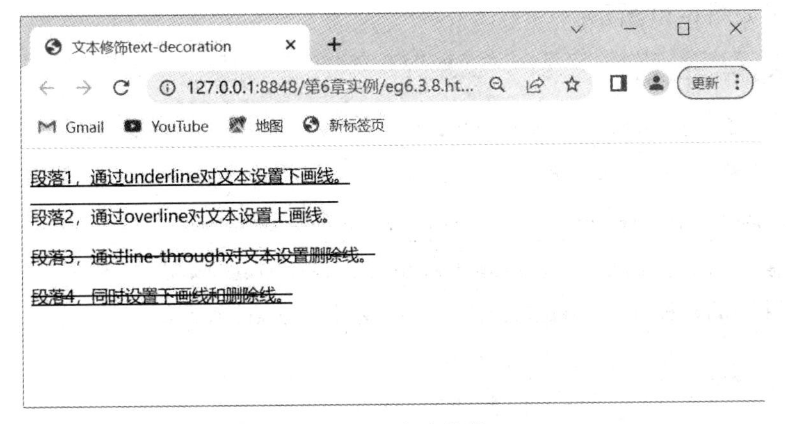

图 6-29　文本装饰

在案例实践 6-17 中，定义了 4 个段落文本，分别对每一个段落设置了不同的 text-decoration 属性值。其中段落 4 同时设置了下画线(underline)和删除线(line-through)。

5. 行间距(line-height)

line-height 属性用于设置行间距，所谓行间距就是行与行之间的距离，即字符的垂直间距，一般称为行高。

line-height 属性值常用的单位有三种，分别是像素(px)、相对值(em)和百分比(%)，实际开发中最常用的单位是像素。

下面通过一个案例来熟悉 line-height 属性的使用。

【案例实践 6-18】 line-height 属性(eg6.3.8.html)。

样式代码如下：

```
<style type="text/css">
    div{font-size: 12px;
        border: solid rosybrown 1px;              /*给 div 设置边框*/
    }
    .one{line-height: 24px;}
    .two{line-height: 4em;}
    .three{line-height: 150%;}
</style>
```

结构代码如下：

```
<body>
    <div class="one">段落 1：使用像素 px 设置 line-height 属性值。该段落字体大小为 12px，line-height 属性值为 24px。</div>
    <div class="two">段落 2：使用相对值 em 设置 line-height 属性值。该段落字体大小为 12px，line-height 属性值为 4em。</div>
    <div class="three">段落 3：使用百分比%设置 line-height 属性值。该段落字体大小为 12px，line-height 属性值为 150%。</div>
</body>
```

运行效果如图 6-30 所示。

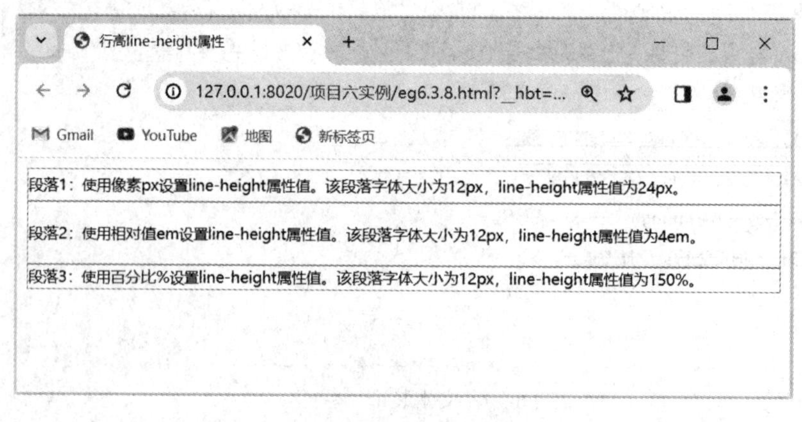

图 6-30 line-height 属性设置行高

在案例实践 6-18 中，对三个段落文本分别使用像素、相对值和百分比设置行高。对元素设置边框是为了更好地看清楚行高。

6. 字间距(letter-spacing)

letter-spacing 属性用于定义字间距，所谓字间距就是字符与字符之间的空白。其属性值可为不同单位的数值，允许使用负值，默认为 normal。

7. 单词间距(word-spacing)

word-spacing 属性用于定义英文单词之间的间距，对中文字符无效。它和 letter-spacing

属性一样，其属性值可为不同单位的数值，允许使用负值，默认为 normal。

word-spacing 和 letter-spacing 两个属性都用于定义间距。不同的是 word-spacing 定义英文单词之间的间距，letter-spacing 定义字母之间的间距。

下面通过一个案例来熟悉 word-spacing 和 letter-spacing 两个属性的用法。

【案例实践 6-19】　字间距(letter-spacing)和单词间距(word-spacing)(eg6.3.9.html)。

样式代码如下：

```
<style type="text/css">
    .one{letter-spacing: 10px;}
    .two{word-spacing: 4em;}
</style>
```

结构代码如下：

```
<body>
    <p class="one">letter spacing lian xi(字间距练习)</p>
    <p class="two">word spacing lian xi(单词间距练习)</p>
</body>
```

运行效果如图 6-31 所示。

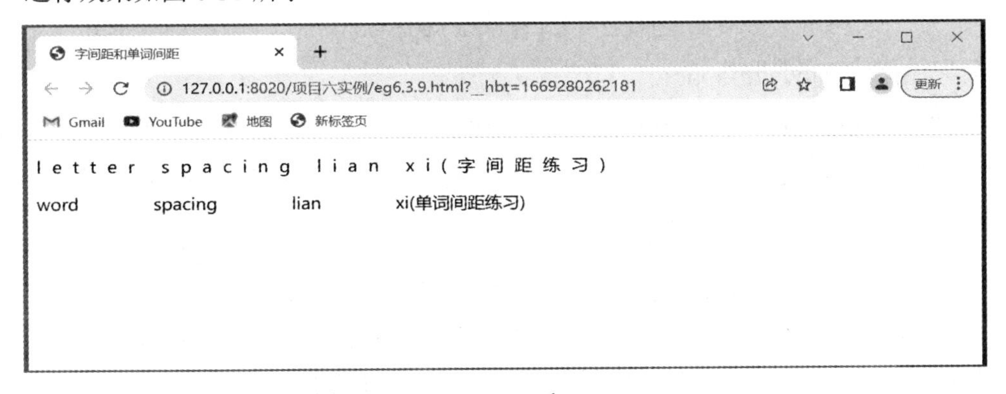

图 6-31　letter-spacing 和 word-spacing

在案例实践 6-19 中，第一个<p>使用 letter-spacing 设置了字符间距为 10 px，运行结果显示不仅英文字符之间间隔了 10 px，中文字符之间也间隔了 10 px。第二个<p>使用 word-spacing 设置了单词间距为 4 em(4 个字符大小的宽度)，运行结果显示只对英文单词有效，而对中文无效。

8. 文本转换(text-transform)

text-transform 属性用于控制英文字符的大小写转换，其属性值含义如下：

- none：不转换(默认值)。
- capitalize：首字母大写。
- uppercase：全部字符转换成大写。
- lowercase：全部字符转换成小写。

对案例实践 6-19，第一个段落设置首字母大写，对第二个段落设置全部字符转换成大写，运行效果如图 6-32 所示。代码如下：

```
<style type="text/css">
.one{ letter-spacing: 10px;
    text-transform:capitalize;
}
.two{word-spacing: 4em;
    text-transform:uppercase;
}
</style>
```

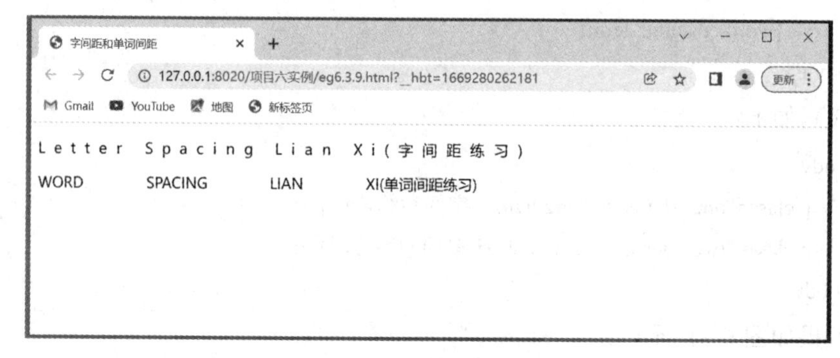

图 6-32　文本转换(text-transform)

9. 空白符处理(white-space)

通常情况使用 HTML 标签制作网页时，无论源代码中有多少个空格字符，在浏览器中只会显示一个字符的空格。在 CSS 中，使用 white-space 属性可设置空白符的处理方式，以达到想要的效果。其属性值如下：

- normal：常规(默认值)，文本中的空格、空行无效，满行后自动换行。
- pre：预格式化，按 HTML 文档书写格式保留空格、空行原样显示。
- nowrap：空格空行无效，强制文本不能换行，除非遇到换行标记
。内容超出元素的边界也不换行，若超出浏览器页面则会自动增加滚动条。

下面通过一个案例来了解 white-space 各个属性值的效果。

【案例实践 6-20】 空白符处理 white-space 属性(eg6.3.10.html)。

样式代码如下：

```
<style type="text/css">
    .one{white-space: normal;}
    .two{white-space: pre;}
    .three{white-space:nowrap;}
</style>
```

结构代码如下：

```
<body>
    <p class="one">
    这段文本中有多个        空格，此段设置为 white-space：normal;。</p>
    <p class="two">
```

这段文本中有多个　　　空格，这里还有回车换行

此段设置为 white-space：pre;。</p>

<p class="three">听话当 white-space:nowrap 时，空格空行无效，强制文本不能换行，除非遇到换行标记。内容超出元素的边界也不换行，若超出浏览器页面则会自动增加滚动条。这是真的吗？</p>

</body>

运行效果如图 6-33 所示。

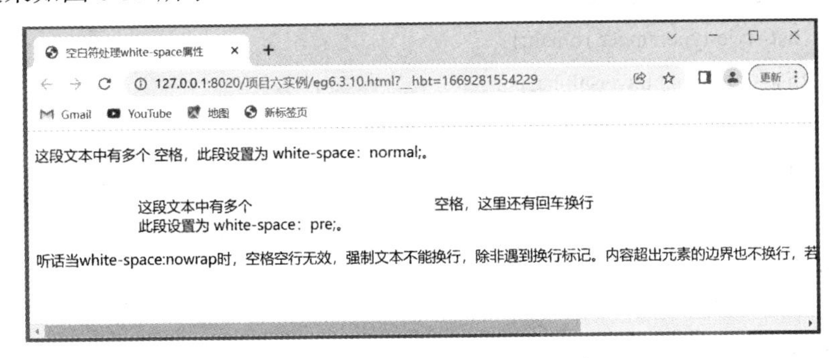

图 6-33　空白符处理的三种方式

在案例实践 6-20 中，第一个段落设置为 white-space：normal，从运行结果中发现 Tab 键和空格都不起作用；第二个段落设置为 white-space：pre，运行结果中可看出浏览器按原样格式显示：第三个段落设置为 white-space:nowrap，运行结果中没有换行显示超出的内容，且浏览器窗口出现了横向滚动条。

6.3.4　CSS 列表属性

在第 5 章 HTML 的列表标记中，学过的列表有：无序列表(<ul>)、有序列表(<ol>)及自定义列表。其中无序列表和有序列表系统有默认的列表项目符号标记，还可以通过 type 属性值修改项目符号。如果想用漂亮的图像作为列表项目符号标记，就要用到更强大功能的 CSS 列表属性。下面将详细地介绍 CSS 列表属性。

1. list-style-type 属性

list-style-type 属性用于指定列表项标记的类型。常用的项目符号标记如表 6-4 所示。

表 6-4　list-style-type 属性取值

无序列表项目符号类型	说　明
disc	标记是实心圆(默认值)
circle	标记是空心圆
square	标记是实心方块
decimal	标记是数字
lower-roman	小写罗马数字(i 、ii 、iii、iv、v 等)
upper-roman	大写罗马数字(I 、II 、III、IV、V 等)
lower-alpha	小写英文字母(a、b、c、d、e 等)
upper-alpha	大写英文字母(A、B、C、D、E 等)

下面通过案例来熟悉列表项目符号标记。

【案例实践 6-21】 list-style-type 属性(eg6.3.11.html)。

样式代码如下：

```
<style type="text/css">
    .a {list-style-type: circle;  }
    .b {list-style-type: square;}
    .c {list-style-type: upper-roman;}
    .d {list-style-type: lower-alpha;}
</style>
```

结构代码如下：

```
<body>
    <h2>列表</h2>
<p>无序列表实例：</p>
<ul class="a">
    <li>语文</li>
    <li>数学</li>
    <li>英语</li>
</ul>
<ul class="b">
    <li>语文</li>
    <li>数学</li>
    <li>英语</li>
</ul>
<p>有序列表实例：</p>
<ol class="c">
    <li>语文</li>
    <li>数学</li>
    <li>英语</li>
</ol>
<ol class="d">
    <li>语文</li>
    <li>数学</li>
    <li>英语</li>
</ol>
</body>
```

运行效果如图 6-34 所示。

在案例实践 6-21 中，通过设置 list-style-type 属性的属性值修改了无序列表和有序列表的项目符号标记。

图 6-34　list-style-type 属性

2. list-style-image 属性

系统只提供了常用的列表项目符号标记，要想用图像作为列表项目符号标记，则可以通过 list-style-image 属性为列表项指定图像作为列表项标记。

下面通过一个案例来熟悉这个属性的用法。

【案例实践 6-22】 list-style-image 属性(eg6.3.12)。

样式代码如下：

```
<style type="text/css">
    ul {list-style-image: url(img/dengru.png);}
</style>
```

结构代码如下：

```
<body>
    <h2>list-style-image 属性规定图像作为列表项标记：</h2>
    <ul >
        <li>语文</li>
        <li>数学</li>
        <li>英语</li>
    </ul>
</body>
```

运行效果如图 6-35 所示。

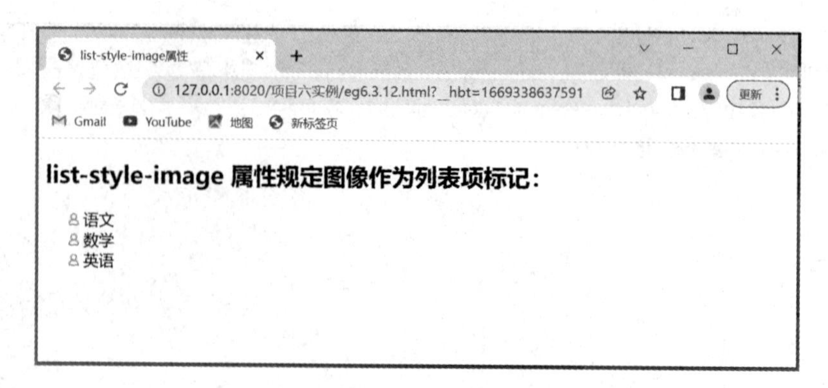

图 6-35　图像作为列表项目符号标记

在案例实践 6-22 中，通过 list-style-image 属性为列表项目符号标记指定图像，需要注意的是图像的大小要合适，太大的图像不合适作为列表项目符号标记。

3. list-style-position 属性

list-style-position 属性用于定位列表项符号标记。其属性值如下：

• outside：表示列表项目符号标记将在列表项之外，列表项每行的开头将垂直对齐(默认值)。

• inside：表示列表项目符号标记将在列表项内，由于它是列表项的一部分，因此它将成为文本的一部分，并且文本将排在项目符号标记之后。

下面通过一个案例来熟悉这两个属性值的用法。

【案例实践 6-23】 list-style-position 属性(eg6.3.13.html)。

样式代码如下：

```
<style type="text/css">
    Li { border: solid black 1px ;   }  /*给列表项添加黑色 1 像素边框*/
    .a {list-style-position: outside;}
    .b {list-style-position: inside;}
</style>
```

结构代码如下：

```
<body>
    <h2>list-style-position 属性</h2>
    <h3>list-style-position: outside(默认值)：</h3>
    <ul class="a">
    <li>HTML:html 是网页制作的基础课程，是一门标签语言。</li>
    <li>CSS：css 是层叠样式表的简称，是网页的美容师。</li>
    <li>JavaScript：javascript 是一门脚本语言，可用于制作动态网页。</li>
    </ul>
    <h3>list-style-position: inside：</h3>
    <ul class="b">
    <li>HTML:html 是网页制作的基础课程，是一门标签语言。</li>
```

```
<li>CSS：css 是层叠样式表的简称，是网页的美容师。</li>
<li>JavaScript：javascript 是一门脚本语言，可用于制作动态网页。</li>
</ul>
</body>
```

运行效果如图 6-36 所示。

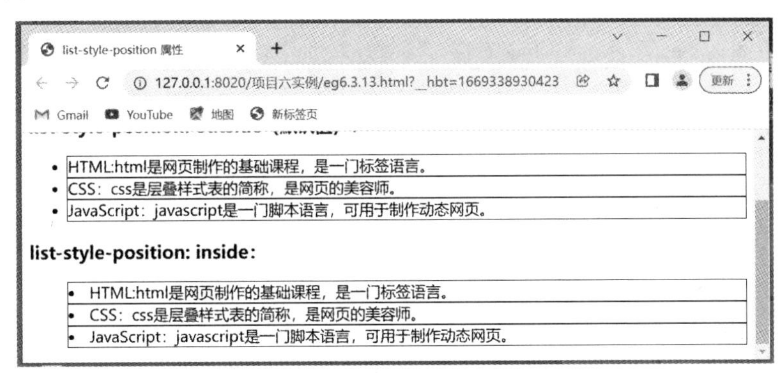

图 6-36　list-style-position 属性

在案例实践 6-23 中，两个无序列表通过 list-style-position 属性设置了不同的属性值，第一个设置为 outside 属性值，项目符号标记显示在列表项之外。第二个设置为 inside 属性值，项目符号标记显示在列表项内，是列表项的一部分。

4. list-style 属性

list-style 属性是一种列表简写属性。它用于在一条声明中设置所有列表属性，语法格式如下：

```
选择器{list-style:list-style-type list-style-position list-style-image;}
```

上述语法格式中，并不是所有的属性值都必须出现，不需要的属性可以省略，省略的属性则会显示默认值。当 list-style-type 和 list-style-image 同时指定值时，优先用 list-style-image 这个属性值；当由于某种原因而无法显示图像时，会显示 list-style-type 这个属性值。

下面用一个案例来熟悉 list-style 这个属性的用法。

【案例实践 6-24】 list-style 属性(eg6.3.14.html)。

样式代码如下：

```
<style type="text/css">
    ul {
        list-style: square inside url(img/dengru1.png);
    }
</style>
```

结构代码如下：

```
<body>
    <ul >
        <li>语文</li>
```

```
        <li>数学</li>
        <li>英语</li>
    </ul>
</body>
```

运行效果如图 6-37 所示。

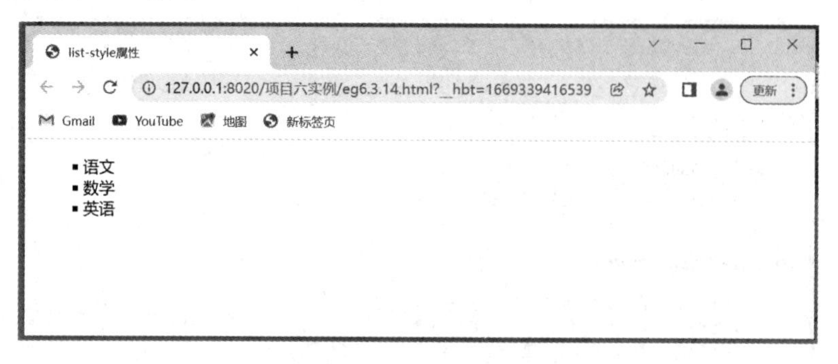

图 6-37 list-style 属性

在案例实践 6-24 中，通过 list-style 列表简写属性为无序列表设置了三个属性值。运行效果如图 6-37 所示，并没有显示图像作为列表项目符号标记，而显示了 list-style-type 的属性值。这是因为 list-style-image 这个属性值地址有错。当三个属性值同时出现时，list-style-type 和 list-style-image 只显示其中一种属性值，而不是两种属性值都显示。

5. 删除默认设置

当我们为页面添加了无序列表或有序列表时，浏览器会显示出默认的列表项目符号标记。然而，有时我们是不希望显示列表项目符号标记，这时需要手动删除列表项目符号标记。通过设置 list-style-type:none 属性可以删除项目符号标记，这个属性值较常用，请大家注意。

6.3.5 CSS 表格属性

表格用来显示数据既方便又整齐，但想要把表格修饰得更漂亮，就需要使用 CSS 表格属性。CSS 表格属性包括表格边框、合并表格边框、表格宽度和高度、水平对齐和垂直对齐方式及背景颜色等属性。下面将详细介绍表格属性。

1. 表格边框(border 属性)

如需在 CSS 中设置表格边框，请使用 border 属性。在案例实践 25 中将为<table>、<th>和 <td>元素设置黑色边框。

【案例实践 6-25】 border 属性(eg6.3.15.html)。

样式代码如下：

```
<style type="text/css">
    table, th, td {
        border: 1px solid black;
    }
</style>
```

结构代码如下：

```
<body>
    <h2>本周课表</h2>
    <table>
        <tr>
            <th>星期一</th>
            <th>星期二</th>
            <th>星期三</th>
            <th>星期四</th>
            <th>星期五</th>
        </tr>
        <tr>
            <td>计算机基础</td>
            <td>C 语言</td>
            <td>HTML</td>
            <td>大学英语</td>
            <td>数据结构</td>
        </tr>
        <tr>
            <td>计算机基础</td>
            <td>C 语言</td>
            <td>HTML</td>
            <td>大学英语</td>
            <td>数据结构</td>
        </tr>
    </table>
</body>
```

运行效果如图 6-38 所示。

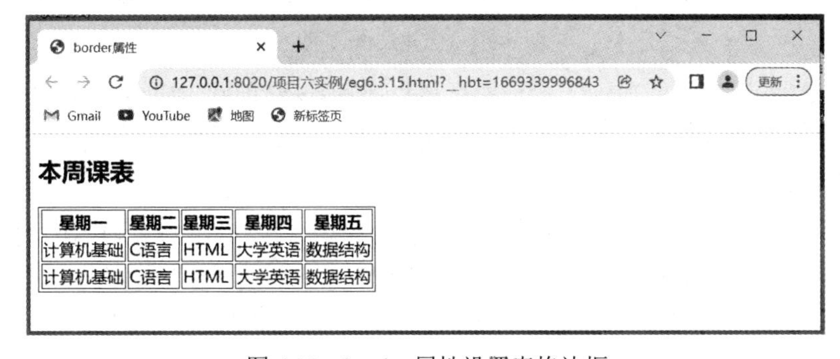

图 6-38　border 属性设置表格边框

在案例实践 6-25 中，通过设置 border 属性，为<table>、<th>和<td>元素都添加了黑色边框。运行效果如图 6-38 所示，每个单元格出现双线边框，这是由于<table>、<th>以及<td>

元素都有独立的边框。如果需要把表格显示为单线条边框，则需要使用 border-collapse 属性，下面将介绍表格的 border-collapse 属性。

2. 折叠边框(border-collapse 属性)

折叠边框又称合并表格边框，可以通过 border-collapse 属性设置是否将表格边框折叠为单一边框。该属性值如下：

- separate：边框会被分开(默认值)。不会忽略 border-spacing 和 empty-cells 属性。
- collapse：边框会合并为一个单一的边框。会忽略 border-spacing 和 empty-cells 属性。
- inherit：从其父元素继承 border-collapse 属性的值。

将案例实践 25 中 CSS 代码改写成以下代码，表格会合并为一个单一的边框。

改写代码如下：

```
<style type="text/css">
table {
        border-collapse:collapse;
    }
    table, th, td {
        border: 1px solid black;
    }
</style>
```

运行效果如图 6-39 所示。

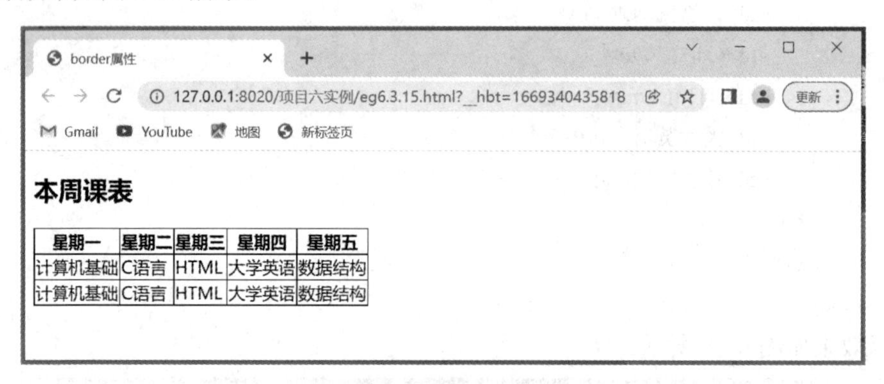

图 6-39　合并表格边框

上述案例中，CSS 代码添加了合并表格边框属性。通过 border-collapse:collapse;语句把表格边框合成单一的边框。

3. 表格的宽度和高度

一个表格如果没有设定宽度和高度，浏览器会默认根据表格内容的大小来设置表格的宽度和高度，但感觉有点拥挤，如图 6-39 中的表格，单元格大小刚好是内容的大小，显得表格有点拥挤，不太美观。此时可以通过表格的 width 和 height 属性来设定表格的宽度和高度。

下面通过一个案例来熟悉表格的宽度和高度设置。

【案例实践 6-26】 表格的 width 和 height 属性(eg6.3.16.html)。

样式代码如下：

```
<style type="text/css">
    table, td, th { border: 1px solid black;}
    table {
        border-collapse: collapse;
        width: 100%;
    }
    th { height: 60px;}
    td {height: 50px;}
</style>
```

结构代码如下：

```
<body>
    <h2>width 和 height 属性</h2>
    <p>设置表格的宽度，以及表格标题行的高度：</p>
    <table>
        <tr>
            <th>星期一</th>
            <th>星期二</th>
            <th>星期三</th>
            <th>星期四</th>
            <th>星期五</th>
        </tr>
        <tr>
            <td>计算机基础</td>
            <td>C 语言</td>
            <td>HTML</td>
            <td>大学英语</td>
            <td>数据结构</td>
        </tr>
        <tr>
            <td>计算机基础</td>
            <td>C 语言</td>
            <td>HTML</td>
            <td>大学英语</td>
            <td>数据结构</td>
        </tr>
    </table>
</body>
```

运行效果如图 6-40 所示。

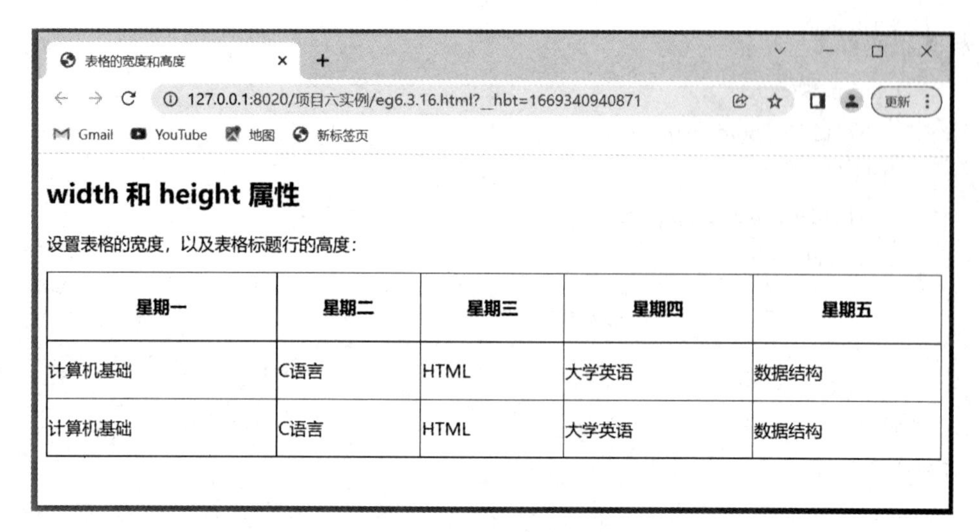

图 6-40 表格的宽度和高度

在案例实践 6-26 中，设置表格的宽度为 width:100%;，即表格宽度是页面宽度的大小，再设置<tr>和<td>的 height 属性的属性值，表头一行为 60 px 高度，其他行为 50 px 高度。

4. 表格文本对齐(水平对齐和垂直对齐)

表格内容按默认的方式显示，有时不是用户想要的方式。可通过 text-align 和 vertical-align 属性设置表格中文本的对齐方式。

text-align 属性可用来设置<th>和<td>中内容的水平对齐方式，如左对齐、右对齐或者居中对齐。默认情况下，<th>元素的内容水平居中对齐，<td>元素的内容水平居左对齐。若要使<td>元素的内容也居中对齐，可使用 text-align:center;语句设置它的对齐方式。text-align 属性可取值如下：

- left：<th>和<td>中内容水平居左。
- right：<th>和<td>中内容水平居右。
- center：<th>和<td>中内容水平居中。
- inherit：从其父元素继承 text-align 属性的值。

vertical-align 属性设置<th>和<td>中内容的垂直对齐方式，如顶部对齐、底部对齐或居中对齐。默认情况下，表格中<th>和<td>中内容的垂直对齐方式都是居中显示。vertical-align 属性可取值如下：

- top：<th>和<td>中内容顶部对齐。
- bottom：<th>和<td>中内容底部对齐。
- center：<th>和<td>中内容居中对齐。
- inherit：从其父元素继承 vertical-align 属性的值。

下面通过一个案例来了解一下 text-align 和 vertical-align 属性。

【案例实践 6-27】 表格文本对齐(eg6.3.17.html)。

样式代码如下：

```
<style type="text/css">
    table, td, th { border: 1px solid black; }
```

```
    table {
        border-collapse: collapse;
        width: 100%;
        text-align: center;
    }
    th {
        height: 60px;
        vertical-align: center;
    }
    td {
        height: 50px;
        vertical-align: bottom;
    }
</style>
```

结构代码如下：

```
<body>
        <h2>text-align 和 vertical-align 属性</h2>
    <p>设置表格中文本对齐方式：</p>
        <table>
            <tr>
                <th>星期一</th>
                <th>星期二</th>
                <th>星期三</th>
                <th>星期四</th>
                <th>星期五</th>
            </tr>
            <tr>
                <td>计算机基础</td>
                <td>C 语言</td>
                <td>HTML</td>
                <td>大学英语</td>
                <td>数据结构</td>
            </tr>
            <tr>
                <td>计算机基础</td>
                <td>C 语言</td>
                <td>HTML</td>
                <td>大学英语</td>
                <td>数据结构</td>
```

```
        </tr>
    </table>
</body>
```

运行效果如图 6-41 所示。

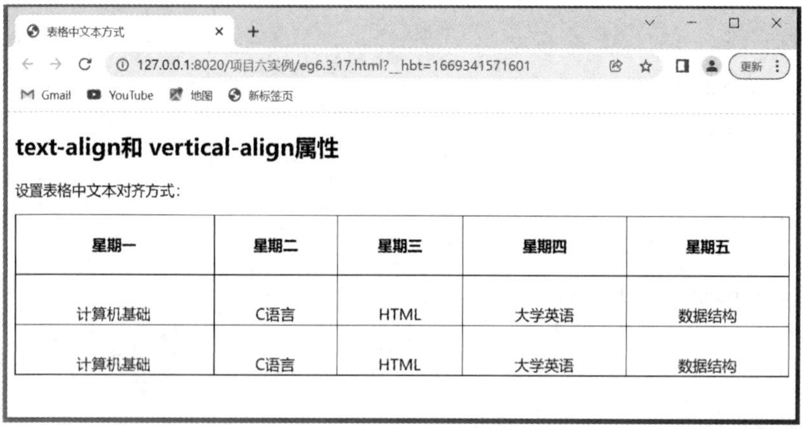
表格中文本方式
127.0.0.1:8020/项目六实例/eg6.3.17.html?__hbt=1669341571601
Gmail
YouTube
地图
新标签页
更新
text-align和 vertical-align属性
设置表格中文本对齐方式：
星期一
星期二
星期三
星期四
星期五
计算机基础
C语言
HTML
大学英语
数据结构
计算机基础
C语言
HTML
大学英语
数据结构

图 6-41　表格中文本方式

在案例实践 6-27 中，通过设置 text-align 和 vertical-align 属性值来控制表格中文本的对齐方式。<th>和<td>元素文本内容都水平居中显示，<th>元素文本内容垂直居中对齐，<td>元素文本内容底部对齐。

5. 表格颜色

表格若只有黑白两种颜色，看起来有点单调。想要制作一个吸引眼球的表格，可以为表格添加醒目的颜色。表格的颜色包括背景颜色和文本颜色，甚至还可设置边框的颜色。设置表格的背景颜色和文本颜色跟其他元素一样，分别通过 background-color 和 color 两个属性来设置。

下面通过一个案例来设置表格的背景颜色和文本颜色。

【案例实践 6-28】 表格颜色(eg6.3.18.html)。

样式代码如下：

```
<style type="text/css">
    table, td, th { border: 1px solid #aaa;}
    table {
        border-collapse: collapse;
        width: 100%;
    }
    td {
        height: 40px;
        vertical-align: bottom;
        text-align: center;
    }
```

```
    .color {background-color: #f2f2f2}
    th {
        height: 50px;
        background-color: #4CAF50;
        color: white;
    }
</style>
```

结构代码如下：

```
<body>
<h2>设置表格的背景色和文本颜色：</h2>
    <table>
        <tr>
            <th>星期一</th>
            <th>星期二</th>
            <th>星期三</th>
            <th>星期四</th>
            <th>星期五</th>
        </tr>
        <tr class="color">
            <td>计算机基础</td>
            <td>C 语言</td>
            <td>HTML</td>
            <td>大学英语</td>
            <td>数据结构</td>
        </tr>
        <tr>
            <td>计算机基础</td>
            <td>C 语言</td>
            <td>HTML</td>
            <td>大学英语</td>
            <td>数据结构</td>
        </tr>
        <tr class="color">
            <td>计算机基础</td>
            <td>C 语言</td>
            <td>HTML</td>
            <td>大学英语</td>
            <td>数据结构</td>
        </tr>
```

```
            <tr>
                <td>计算机基础</td>
                <td>C 语言</td>
                <td>HTML</td>
                <td>大学英语</td>
                <td>数据结构</td>
            </tr>
        </table>
    </body>
```

运行效果如图 6-42 所示。

设置表格的背景色和文本颜色：

星期一	星期二	星期三	星期四	星期五
计算机基础	C语言	HTML	大学英语	数据结构
计算机基础	C语言	HTML	大学英语	数据结构
计算机基础	C语言	HTML	大学英语	数据结构
计算机基础	C语言	HTML	大学英语	数据结构

图 6-42 有颜色的表格

在案例实践 6-28 中，为<th>和<td>元素设置 background-color 和 color 两个属性值，可控制表格的背景色和文本颜色。

6. border-spacing 属性

border-spacing 属性设置相邻单元格边框间的距离，仅用于“边框分离”模式，当表格边框合并为一个单一的边框时，会忽略这个属性。

border-spacing 属性可取值如下：

- border-spacing：10 px　　/*相邻单元的边框之间水平和垂直间距都是 10px*/。
- border-spacing：10 px 20 px　/*水平间隔 10px，垂直间隔 20px */。
- border-spacing：inherit　　/*从其父元素继承 border-spacing 属性的值*/。

下面通过一个案例熟悉 border-spacing 属性的用法。

【案例实践 6-29】 表格相邻单元格边框间的距离(eg6.3.19.html)。

样式代码如下：

```
<style type="text/css">
    table,th,td {border: 1px solid #aaa;}
    .a{
        border-collapse: separate;
```

```
        border-spacing: 8px;
        }
    .b{
        border-collapse: separate;
        border-spacing: 10px 30px;
    }
</style>
```

结构代码如下：

```
<body>
    <table class="a">
        <tr>
            <th>星期一</th>
            <th>星期二</th>
            <th>星期三</th>
            <th>星期四</th>
            <th>星期五</th>
        </tr>
        <tr>
            <td>计算机基础</td>
            <td>C 语言</td>
            <td>HTML</td>
            <td>大学英语</td>
            <td>数据结构</td>
        </tr>
        <tr>
            <td>计算机基础</td>
            <td>C 语言</td>
            <td>HTML</td>
            <td>大学英语</td>
            <td>数据结构</td>
        </tr>
    </table>
    <br/><br/>
    <table class="b">
        <tr>
            <th>星期一</th>
            <th>星期二</th>
            <th>星期三</th>
            <th>星期四</th>
```

```
            <th>星期五</th>
        </tr>
        <tr>
            <td>计算机基础</td>
            <td>C 语言</td>
            <td>HTML</td>
            <td>大学英语</td>
            <td>数据结构</td>
        </tr>
        <tr>
            <td>计算机基础</td>
            <td>C 语言</td>
            <td>HTML</td>
            <td>大学英语</td>
            <td>数据结构</td>
        </tr>
    </table>
</body>
```

运行效果如图 6-43 所示。

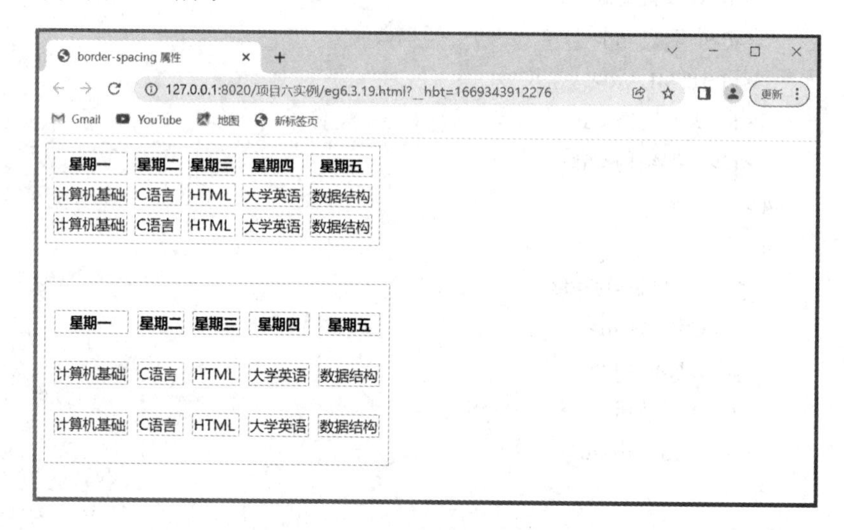

图 6-43 相邻单元格边框间的距离

在案例实践 6-29 中，为两个表格设置了 border-spacing 属性。第一个表格通过 border-spacing:8 px; 语句，设置相邻单元的边框之间水平和垂直间距都是 8 px。第二个表格通过 border-spacing:10 px 30 px; 语句，设置相邻单元的边框之间水平间隔 10 px，垂直间隔 30 px。

7. caption-side 属性

caption-side 属性设置表格标题的位置。默认情况下表格标题位于表格的正上方。有时需要把表格标题定位于其他地方，可通过 caption-side 属性来控制其位置。

其属性取值如下：

- top：把表格标题定位在表格之上(默认值)。
- bottom：把表格标题定位在表格之下。
- inherit：从其父元素继承 caption-side 属性的值。

例如：

```
caption {
caption-side:bottom              /*格标题定位在表格下方*/
}
```

8. empty-cells 属性

empty-cells 属性设置是否显示表格中的空单元格，如果设置为显示，则会绘制出单元格的边框和背景。该属性仅用于“分离边框”模式下使用，如果表格边框合并为一个单一的边框时，会忽略这个属性。

其属性取值如下：

- hide：不在空单元格周围绘制边框。
- show：在空单元格周围绘制边框(默认值)。
- inherit：从其父元素继承 empty-cells 属性的值。

下面通过一个案例来熟悉 empty-cells 属性。

【案例实践 6-30】 empty-cells 属性(eg6.3.20.html)。

样式代码如下：

```
<style type="text/css">
    table,th,td{
        border: 1px solid #999;
    }
    .a{
        border-collapse: separate;
        empty-cells: hide;
        border-spacing: 10px;
    }
    .b{
        border-collapse: separate;
        empty-cells:show;
        border-spacing: 10px;
    }
</style>
```

结构代码如下：

```
<body>
    <p>empty-cells 属性取 hide：不在空单元格周围绘制边框。</p>
```

```
<table class="a">
    <tr>
        <th>星期一</th>
        <th>星期二</th>
        <th>星期三</th>
        <th>星期四</th>
        <th>星期五</th>
    </tr>
    <tr>
        <td>计算机基础</td>
        <td></td>
        <td>HTML</td>
        <td>大学英语</td>
        <td>数据结构</td>
    </tr>
    <tr>
        <td>计算机基础</td>
        <td>C 语言</td>
        <td>HTML</td>
        <td>大学英语</td>
        <td>数据结构</td>
    </tr>
</table>
<br />
    <p>empty-cells 属性取 show：在空单元格周围绘制边框。</p>
<table class="b">
    <tr>
        <th>星期一</th>
        <th>星期二</th>
        <th>星期三</th>
        <th>星期四</th>
        <th>星期五</th>
    </tr>
    <tr>
        <td>计算机基础</td>
        <td></td>
        <td>HTML</td>
        <td>大学英语</td>
        <td>数据结构</td>
```

```
        </tr>
        <tr>
            <td>计算机基础</td>
            <td>C 语言</td>
            <td>HTML</td>
            <td>大学英语</td>
            <td>数据结构</td>
        </tr>
    </table>
</body>
```

运行效果如图 6-44 所示。

图 6-44　empty-cells 属性

在案例实践 6-30 中，第一个表格中的空单元格通过 empty-cells: hide;语句设置为不在空单元格周围绘制边框，即不显示空单元格；第二个表格中的空单元格通过 empty-cells:show;语句设置为在空单元格周围绘制边框，在默认的情况下也会显示单元格。

任务 6.4　CSS 盒模型

CSS 在处理网页时认为每个元素都包含在一个不可见的盒子里。盒子有内容区域、内容区域周围的空间(内边距，即 padding)、内容边距的外边缘(边框，即 border)和边框外面将元素与相邻元素隔开的不可见区域(外边距，即 margin)。这类似于挂在墙上的带框架的画，其中衬边是内边距，框架是边框，而该画框与相邻画框之间的距离则是外边距，如图 6-45 所示。

图 6-45 带框的画

在 CSS 中，这种盒模型也叫 BOX 模型(box model)，如图 6-46 所示。每个元素盒子都有四个决定其大小的属性：内容区域、内边距、边框和外边距，每个属性均可以单独控制。同时，还可以控制盒子的外观，包括 background、padding、border、margin、width、height、alignment、color 等。

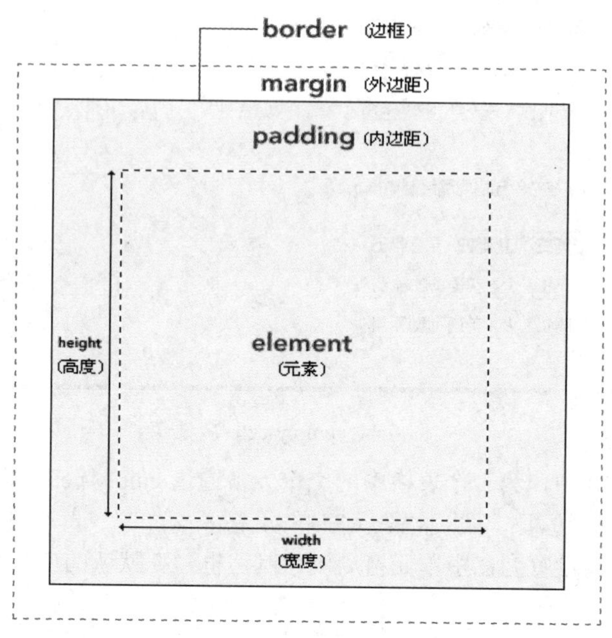

图 6-46 BOX 模型

每个元素盒子可以是块级的(block)，也可以是行内的(inline)，通常使用 display 属性来定义盒的类型。

(1) block 类型：这种盒模型的元素默认占据一行，允许通过 CSS 设置宽度、高度，常用的块元素有 div、p、ul、li、h1～h6 等。

(2) inline 类型：这种盒模型的元素不会占据一行(默认允许在一行内放置多个元素)，即使通过 CSS 设置宽度、高度也不会起作用，常用的行内块元素有 img、input、select、

textarea、button、label 等。

默认情况下，元素盒子的 width 和 height 指的是内容区域的宽度和高度。增加内边距、边框和外边距不会影响内容区域的尺寸，但是会增加元素的总尺寸。内边距、边框和外边距可以应用于一个元素的所有边，也可以应用于指定的边，外边距还可以是负值。但是，如果设置了 box-sizing:border-box，则当在设置元素的 width 和 height 时，这两个尺寸实际指的是 border + padding + 内容区的总尺寸。

box-sizing 在网站中的应用也很常见，如图 6-47 所示，在网页的 body 区域中定义了 box-sizing 属性，并分别设置了-webkit-box-sizing 与-moz-box-sizing。它们的功能是声明支持该属性的首个浏览器版本。现代浏览器都支持 box-sizing，但有些浏览器还需要加上前缀才能兼容该属性的使用。例如，Mozilla 需要加上-moz-，Webkit 内核的浏览器需要加上-webkit-，Presto 内核的浏览器需要加上 -o-，IE8 则需要加上-ms-。因此，在使用 box-sizing 时需要加上各自的前缀以兼容不同的浏览器。

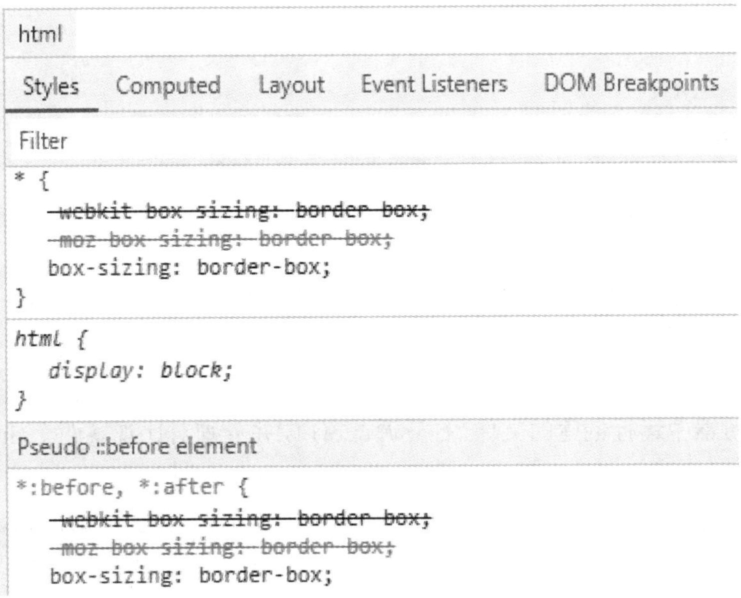

```
html
Styles  Computed  Layout  Event Listeners  DOM Breakpoints
Filter
* {
  -webkit-box-sizing: border-box;
  -moz-box-sizing: border-box;
  box-sizing: border-box;
}
html {
  display: block;
}
Pseudo ::before element
*:before, *:after {
  -webkit-box-sizing: border-box;
  -moz-box-sizing: border-box;
  box-sizing: border-box;
```

图 6-47　box-sizing 属性网站中的应用

【案例实践 6-31】 熟悉 BOX 模型，理解盒子的尺寸辨别方法。

(1) 在 HBuilder 中新建文件，输入以下代码并保存。

```
<html>
    <head>
        <meta charset="UTF-8">
        <title></title>
        <style>
#div1{
                width: 300px;
                height: 300px;
```

```
                background-color: pink;
                border: 10px solid #333;
                margin: 20px;
                padding: 5px;
            }
            #div2{
                width: 300px;
                height: 300px;
                background-color: pink;
                border: 10px solid #333;
                box-sizing: border-box;
                margin: 20px;
                padding: 5px;
        }
        </style>
    </head>
    <body>
        <div id="div1"></div>
        <hr />
        <div id="div2"></div>
    </body>
</html>
```

(2) 在浏览器中运行创建的文件，打开调试窗口，并分别对比观察两个 div 的尺寸大小，如图 6-48 所示。

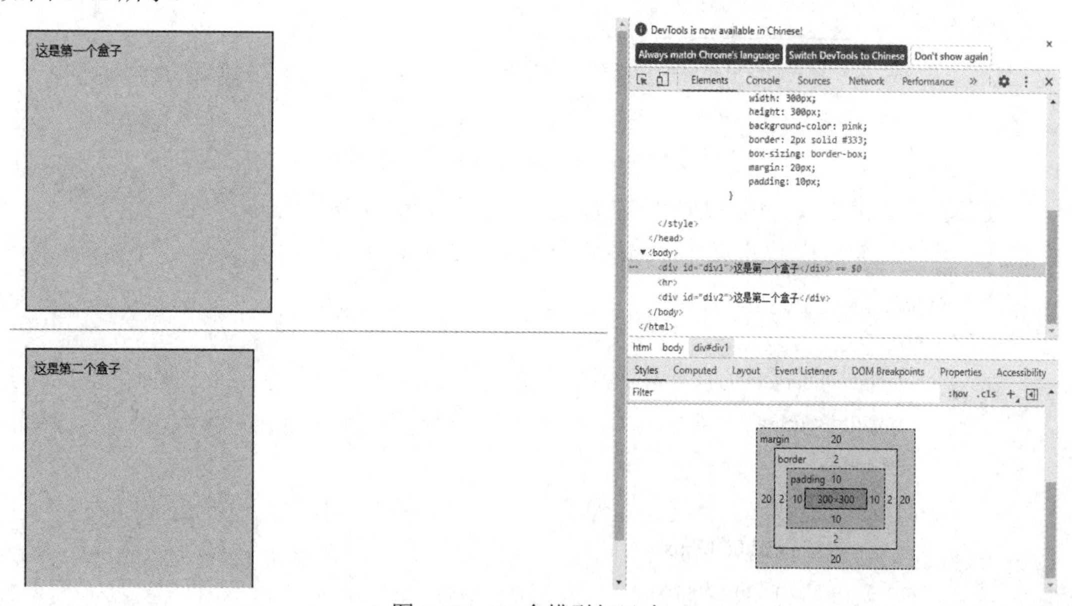

图 6-48 div 盒模型与尺寸

通过上例操作发现，虽然 div1 和 div2 的 width 和 height 设置的值是一致的，但是内容区的大小却不一致，如图 6-49 所示。这是因为 div2 设置了 box-sizing:border-box。

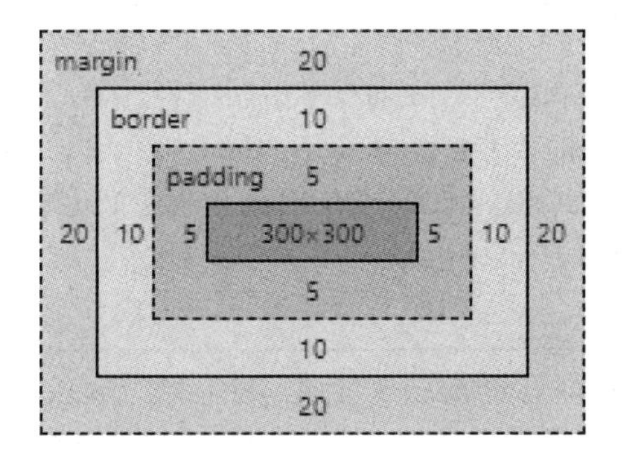

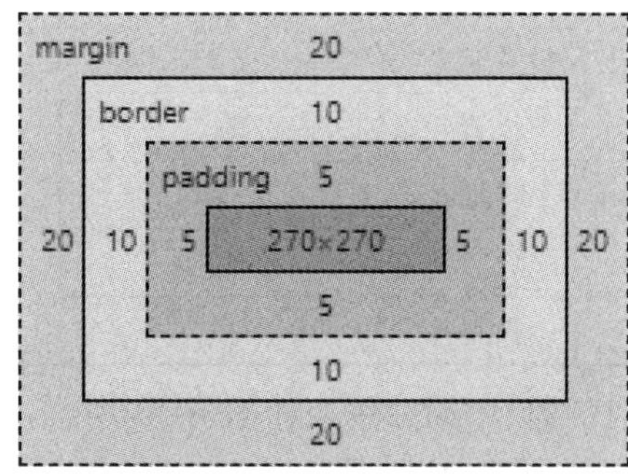

div1　　div2

图 6-49　辨别两个 div 的总尺寸

在默认情况下，元素按照它们在 HTML 中自上而下出现的顺序显示(这也被称为文档流，document flow)，并在每个块级元素的开头和结尾处换行。所以，在上例中，也可以看到 div1 和 div2 自动形成上下排列，且因为 div 是 block 类型，故两者不会同行排列，而是分别各占一行显示。

6.4.1　内边距(padding)

CSS padding(填充)是一个简写属性，用于定义元素边框与元素内容之间的空间，即上下左右的内边距，该属性支持 1～4 个值(如 padding:10 px 15 px 10 px 15 px;)。padding 参数设置及含义如表 6-5 所示。

表 6-5　padding 参数设置及含义

padding 参数设置	含　义
padding: 25 px 30 px 45 px 50 px;	• 上内边距是 25 px • 右内边距是 30 px • 下内边距是 45 px • 左内边距是 50 px
padding: 25 px 30 px 45 px;	• 上内边距是 25 px • 左右内边距是 30 px • 下内边距是 45 px
padding: 25 px 30 px;	• 上下内边距是 25 px • 左右内边距是 30 px
padding: 25 px;	• 上下左右内边距是 25 px

实际上，padding 属性简写是其他各内边距属性的简写，CSS 完整的填充属性如表 6-6 所示。

表 6-6 填 充 属 性

属 性	功 能	属 性 值
Padding	简写属性，用于在一个声明中设置元素的所有内边距填充属性	所有内边距属性都可以设置以下值： • length：指定以 px、pt、cm 等单位指定内边距； • %：指定以包含元素宽度的百分比计的内边距； • inherit：指定应从父元素继承内边距
Padding-top	设置元素的上内边距	
Padding-bottom	设置元素的下内边距	
Padding-right	设置元素的右内边距	
Padding-left	设置元素的左内边距	

padding 在网页中的应用，如图 6-50 所示，在网页的 header 区域，各栏目的 padding 值是(padding:0 px 3.1 px;)，其含义为上下内边距是 0 px，左右内边距是 3.1 px，则“新闻”在当前区块中的内容呈水平居中显示。

图 6-50 padding 在网页中的应用

6.4.2 外边距(margin)

CSS margin(外边距)属性用于定义元素周围的空间，但其没有背景颜色，是完全透明的，可以单独改变元素的上、下、左、右边距，也可以一次改变所有的外边距属性。它与 padding 相似，同样支持外边距简写，工作原理与 padding 一致，在此不再赘述。外边距完整的属性如表 6-7 所示。

表 6-7 外 边 距 属 性

属 性	功 能	属 性 值
Margin	简写属性。用于在一个声明中设置元素的所有各边距属性	• auto：浏览器来计算外边距 • length：以 px、pt、cm 等单位指定外边距 • %：指定以包含元素宽度的百分比计的外边距 • Inherit：指定应从父元素继承外边距
Margin-top	设置元素的上外边距	
Margin-bottom	设置元素的下外边距	
Margin-left	设置元素的左外边距	
Margin-right	设置元素的右外边距	

margin 在 h3 样式中的应用效果，如图 6-51 与图 6-52 中所示，h3 的 margin 样式值是(margin-bottom:0.22 rem)，但在浏览器中显示时，单位 rem 将被自动转换以 px 为单位，显

示为(0 px 0 px 22 px)，表示 h3 的上外边距是 0 px，左右外边距是 0 px，下外边距是 22 px。

图 6-51　margin 在 h3 样式中的设置

图 6-52　margin 在 h3 中的应用效果

6.4.3　边框(border)

CSS 边框即 CSS border，是控制对象的边框边线宽度、颜色、虚线、实线等 CSS 样式属性，分别由上、下、左、右边框组成，同样支持简写，可以在一个属性中指定所有单独的边框属性，主要包括边框的 width、style、color 的属性设置。边框常用属性如表 6-8 所示。

表 6-8　边框常用属性

属　性	功　　能
border	简写属性。用于在一个声明中设置元素的所有边框属性
Border-left	设置左边框属性
Border-right	设置右边框属性
Border-top	设置顶部边框属性
Border-bottom	设置底部边框属性
Border-width	设置边框宽度
Border-style	设置边框样式
Border-color	设置边框颜色
Border-radius	设置圆角边框

border 在 .welcome h3 样式中的设置效果，如图 6-53 中所示，仅“Welcome”左侧有边框，其余三条边并未设置边框。图 6-54 中 133 行表示左侧边框宽度为 5 px、单实线、色码为 #193725。

图 6-53 border 在.welcome h3 样式中的设置

```
130⊟.welcome h3:before{
131      content: '';
132      height: 100%;
133      border-left: 5px solid #193725 ;
134      position: absolute;
135      top: 0%;
136      left: 0%;
137  }
```

图 6-54 border 在.welcome h3 样式中的应用效果

6.4.4 值复制

顾名思义，CSS 值复制就是指对于重复使用的值，可实现自动填充属性值的一种方法，通过该方法，可以减少代码输入，从而简化程序，提高工作效率。它的实现过程与 margin、padding 等属性的工作原理一致。以 margin 为例，在 CSS 中，准许为外边距指定少于 4 个值的操作。其值复制的基本原则是：若是缺少左外边距的值，则应用右外边距的值；要是缺少下外边距的值，则使用上外边距的值；假如缺少右外边距的值，则应用上外边距的值。概括地说：

(1) 如果为 margin 指定了 3 个值，则第 4 个值(即左外边距)会从第 2 个值(右外边距)自动复制。

(2) 如果给定了 2 个值，第 4 个值会从第 2 个值复制获得，第 3 个值(下外边距)会从第 1 个值(上外边距)复制获得。

(3) 如果只给定 1 个值，那么其他 3 个外边距都由这个值(上外边距)复制获得。值复制顺序通常依据顺时针方向实现，以上外边距为起点，如图 6-55 所示。

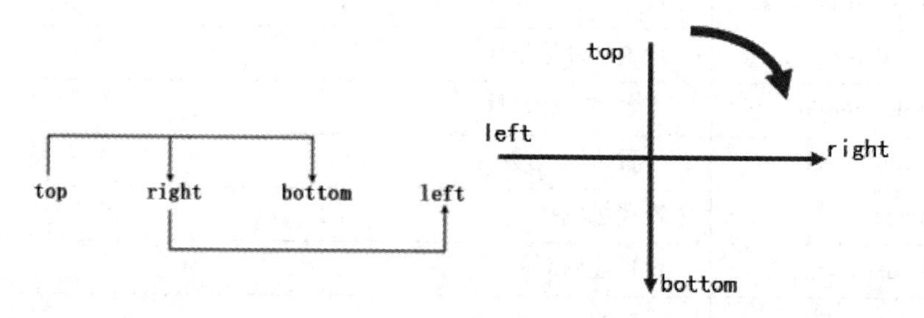

图 6-55 值复制过程与顺序图

【案例实践 6-32】 练习盒模型的实际应用。

在 HBuilder 中新建文件，输入以下代码：

```
<html>
    <head>
        <meta charset="UTF-8">
        <title></title>
        <style>
            * {
                margin: 0px;
                padding: 0px;
            }

            div {
                width: 1226px;
                height: 200px;
                border: 1px solid #000000;
                margin: 0 auto;
            }

            img {
                width: 316px;
                height: 170px;
                /*display: block;*/
                float: left;
                margin: 15px 0;
            }

            img:first-child {
                width: 233px;
                margin-left: 0;
                margin-right: 15px;
            }

            img:nth-child(2) {
                margin-right: 15px;
            }

            img:nth-child(3) {
                margin-right: 15px;
```

```
            }
        </style>
    </head>
    <body>
        <div>
            <img src="img/pic-mi_01.gif">
            <img src="img/mi-pic02.jpg" alt="" />
            <img src="img/mi-pic03.jpg" alt="" />
            <img src="img/mi-pic04.png" alt="" />
        </div>
    </body>
</html>
```

运行结果如图6-56所示。

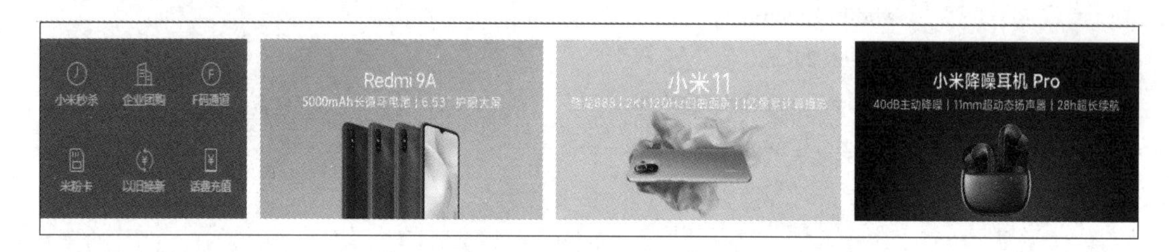

图6-56 盒模型的应用

6.4.5 轮廓(outline)

CSS轮廓(outline)属性是绘制在元素周围的一条线，位于元素边框边缘与margin以内，用于突出显示元素，相当于Word文档中的文本突出功能，虽然该轮廓拥有与border类似的属性，但其不占空间，也不会影响盒子的原始尺寸，仅用于盒子外观的突出显示，通常出现在输入框与按钮显示效果中(如126邮箱)。轮廓相关属性如表6-9所示。

表6-9 轮廓属性

属　性	功　　能
Outline	轮廓属性简写。包含其他轮廓属性
Outline-style	用于设置轮廓样式(实线、虚线等)
Outline-color	用于设置轮廓的颜色
Outline-width	用设置轮廓的宽度

【案例实践6-33】 练习在P周围增加轮廓。

在HBuilder中新建文件，输入以下代码。

```
<html>
    <head>
        <meta charset="UTF-8">
```

```
        <title></title>
        <style>
            p.one{
                border: 1px solid #333;


            }
            p.two{
                border: 1px solid #333;
                outline-style: dashed;
                outline-color: red;
                outline-width: 3px;
            }
        </style>
    </head>
    <body>
        <p class="one">春眠不觉晓，处处闻啼鸟。此处没有轮廓</p>
        <p class="two">春眠不觉晓，处处闻啼鸟。此处增加了红色虚线轮廓</p>
    </body>
</html>
```

运行结果如图 6-57 所示。

春眠不觉晓，处处闻啼鸟。此处没有轮廓

春眠不觉晓，处处闻啼鸟。此处增加了红色虚线轮廓

图 6-57　轮廓效果图

任务 6.5　CSS 页面布局

CSS 除了可以控制前面几个任务所介绍的样式之外，还可以进行页面布局。Web 页面中的布局，是指在页面中如何对标题、导航条、主要内容、脚注、表单等各种构成元素进行合理的编排。本任务将介绍常见的布局方法和布局结构，介绍如何使用浮动属性、定位属性等不同方式进行页面布局的各种方法。

6.5.1　布局注意事项

1. 内容与样式分离

实践证明，养成始终保持内容(HTML)与样式(CSS)分离将给布局工作带来很多便利。如果对所有的页面都这样做，就可以共享相同的布局和整体样式，这也可以让日后修改整个网站的设计变得更加容易——只需修改 CSS 文件，就可实现批量修改。

2. 浏览器注意事项

在实际工作中，用户使用的浏览器多种多样，并非所有的访问者都使用同样的浏览器，同样的操作系统，甚至同样的设备访问同一个网站。因此，在大多数情况下，在将网站放到服务器上发布之前，通常需要在很多浏览器上对页面进行测试。建议大家在开发过程中选用几个大众常用浏览器对页面定期进行测试，这样在最后进行全面测试时，碰到的问题就会少一些。有时，还有必要针对 IE 的特定版本编写 CSS 样式规则，以修复 IE 的异常行为引起的问题。有多种办法可以实现上述要求，不过从性能上说，最好的方法是使用条件注释在 HTML 元素上创建 IE 版本特有的类，并在样式表中应用这个类。还有一种方法是使用条件注释引入位于单独样式表中的 IE 补丁。

6.5.2 布局方法

以下是几种常见的布局方式，但没有哪一种布局方式适用于所有的情景，为了满足需求，通常会使用一些混合方式。

1. 固定(fixed)布局

对于固定布局，整个页面和每一栏都有基于像素的宽度。顾名思义，无论是在手机、平板电脑等较小设备查看页面，还是在 Windows 浏览器上对窗口进行缩小，它的宽度都不会改变。固定布局是学习 CSS 时最容易掌握的布局方式。

2. 流式(fluid 或 liquid)布局

流式布局使用百分数定义宽度，允许页面随显示环境的改变进行放大或缩小。这种方法后来被用于创建响应式(responsive)布局和自适应(adaptive)布局，这些布局方式不仅可以像传统的流式布局那样在手机和平板电脑上缩小显示，还可以根据屏幕尺寸以特定方式调整其设计。这就可以在使用相同 HTML 的情况下，为移动用户、平板电脑用户和桌面用户定制单独的体验，而不是提供三个独立的网站。

3. 弹性布局

弹性布局对宽度和其他所有属性的值都使用 em 为单位，从而让页面能根据用户的 font-size 定义进行缩放。

6.5.3 布局结构

网页布局有很多种结构，一般包括头部区域、菜单导航区域、内容区域、底部区域等几部分，如图 6-58 所示。

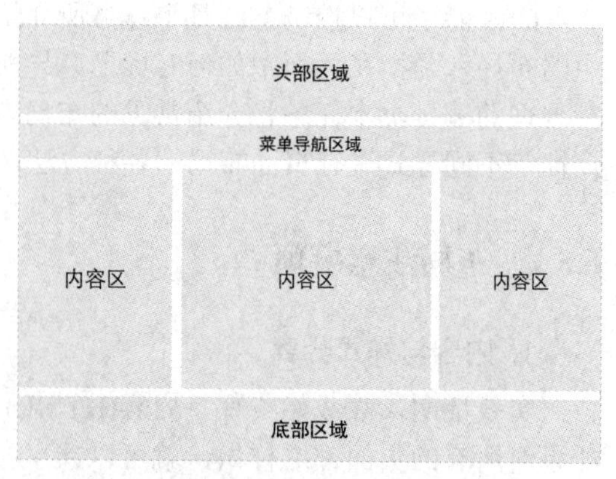

图 6-58 Web 基本结构图

页面布局是以最适合浏览的方式将图片和文字排放在页面的不同位置，不同设计者会有不同的布局设计。在日常使用过程中，常见的布局结构有“同”字型布局、“国”字型布局、“T”字型布局、“三”字型布局、对比布局、POP 布局、Flash 布局、一栏布局、两栏布局、三栏布局等多种类型，如图 6-59 所示。

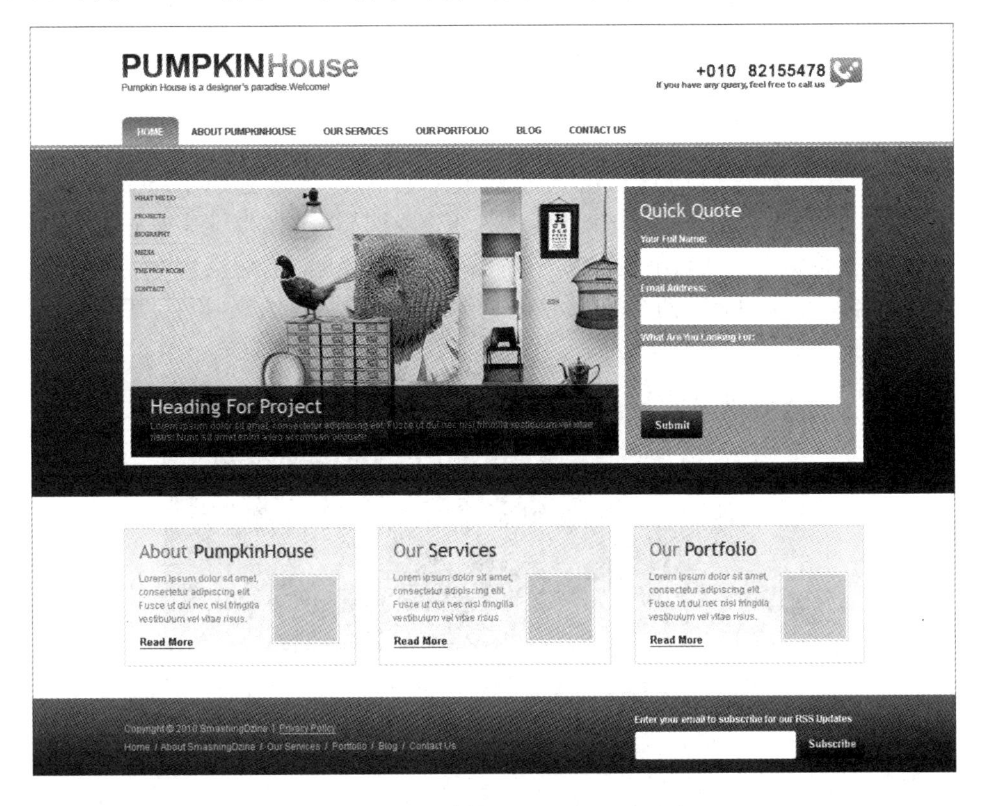

图 6-59　“三”字型布局(图片源于网络)

在社会心理学中有个概念叫首因效应。其含义是个体在社会认知过程中，通过最先输入的信息对客体以后的认知产生影响，即我们常说的，第一印象决定最终印象。在人和人的交往中，首因效应起到了重要作用，在用户与网站或其他互联网产品的交互中，首因效应同样影响巨大。对于初次浏览的网站，如果界面排列有序，颜色搭配得当，页面的重要和次要内容清晰可见，那么用户至少不会产生厌恶感，也有更大的意愿继续浏览，进而进行深入阅读、注册等操作；反之，如果整个页面混乱不堪，毫无重点，如同二手市场，那么用户第一反应就是这个网站有些 low，顿时厌烦感爆棚，即使网站的内容质量再高，恐怕用户也不愿继续浏览，用户甚至不会关心网站的内容和信息，只想趁早离开。所以，Web 页面布局是指网页的整体结构分布，界面布局的目的是提高用户兴趣、方便用户阅读，过于花哨的页面可能会提高用户兴趣，但也会影响用户浏览网站的视觉流，甚至成为用户使用产品的阻碍。因此，要在视觉美观和页面内容中找到一个平衡点，适用于广大用户。

6.5.4　布局属性

1. 浮动属性(float)

在页面布局中 CSS 里面的浮动属性(float)是我们经常用到的属性，也是比较重要的属性。浮动属性控制着块状元素的显示位置，可以使块状元素在同一行显示，整个页面布局中，浮动属性的使用频率是最高的。CSS 浮动属性分为以下两种，如表 6-10 所示。

表 6-10 浮动属性

类 型	功 能
float:left	控制元素左浮动
float:right	控制元素右浮动

浮动的显示规则是浮动对象会向左或向右移动直到遇到边框(border)、填充值(padding)、外边界(margin)或者另一个块元素为止。我们都知道块状元素是独占一行的，即使我们给元素设置宽高，使它不能占满一整行，但是块状元素右边空余位置依然不会出现任何别的内容。如果我们想让两个块状元素并排显示，就要用到浮动属性。其效果如图 6-60 所示，此处元素 img 使用了左浮动。

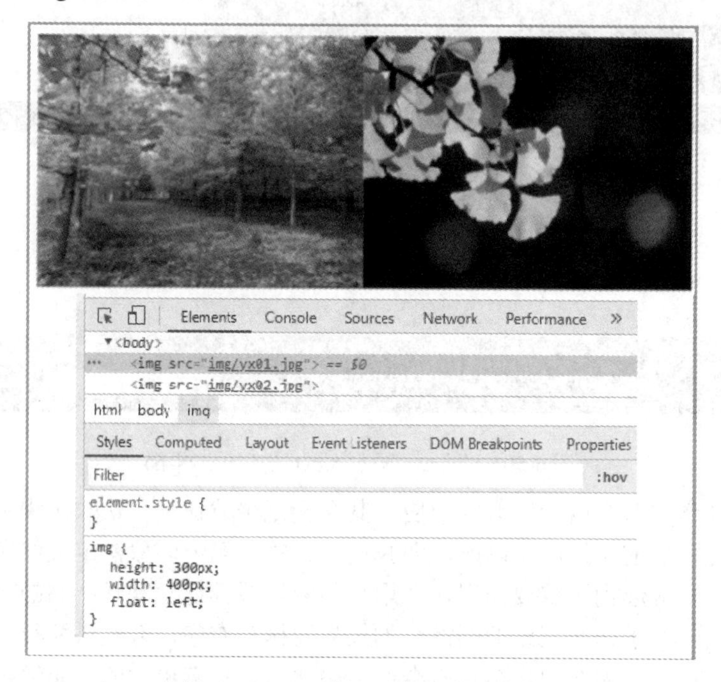

图 6-60 float 在网页中的应用效果

浮动元素的作用是让上下排列的元素并排显示。当元素添加浮动属性之后，它就会飘起来，原本在标准文档流里的位置不再占据，后面的内容会把该位置补上去。如果有 N 个元素要在一排并列显示，那么这 N 个元素都需要添加浮动属性。

【案例实践 6-34】 浮动属性的简易操作。

在 HBuilder 中新建文件，输入以下代码：

```
<html>
    <head>
        <meta charset="UTF-8">
        <title></title>
        <style>
            div{
                width: 100px;
```

```
            height: 100px;
            border: 1px solid #000000;
        }
        #div1{
            background-color: red;
            float: left;
        }
        #div2{
            background-color: green;
            float: left;
        }
    </style>
</head>
<body>
    <div id='div1'></div>
    <div id="div2"></div>
</body>
</html>
```

图 6-61　浮动效果图

运行结果如图 6-61 所示。

【案例实践 6-35】 图文混排。

在 HBuilder 中新建文件，输入以下代码：

```
<html>
    <head>
        <meta charset="UTF-8">
        <title></title>
        <style>
            img{
                float: left;
                margin-right: 10px;
            }
        </style>
    </head>
    <body>
        <h3>赣州方特主题公园</h3>
        <img src="img/ft.jpg" width="400" height="300" />
        <p>赣州方特东方欲晓主题公园由华强方特集团投资打造，是江西省内第一座方特主题
公园，也是华强方特旗下首座以红色文化为主题的大型高科技主题公园。公园位于江西省赣州市章
贡区水西镇方特大道 1 号，总占地面积 1000 亩，总投资 30 多亿元，其中包含十余项方特独家打造
```

的室内大型高科技主题项目；二十余项室外游乐项目及香港街、上海街、北平街、瑞金街等多个还原近现代中国不同时期的社会风貌和人文风情的主题街区和数百项特色休闲景观、主题餐厅、商店等。公园设计年游客接待能力超过 300 万人次，是全国首座红色文化高科技主题公园。</p>

```
    </body>
</html>
```

运行结果如图 6-62 所示。

图 6-62 图文混排效果图

2. 定位属性(position)

position 属性规定元素的定位类型。其可定义建立元素布局所用的定位机制。所有元素都可以定位，但是绝对或固定元素会生成一个块级框，而不管该元素本身是什么类型。相对定位元素会相对于它在正常文档流中的默认位置偏移。

position 属性值介绍，如表 6-11 所示。

表 6-11 position 属性值

值	功 能
absolute	生成绝对定位的元素，相对于 static 定位以外的第一个父元素进行定位，元素的位置通过 left、top、right 以及 bottom 属性进行规定
fixed	生成绝对定位的元素，相对于浏览器窗口进行定位，元素的位置通过 left、top、right、bottom 属性进行规定
relative	生成相对定位的元素，相对于其正常位置进行定位。因此，left:20 会向元素的 LEFT 位置添加 20 像素
static	默认值，没有定位，元素出现在正常的流中(忽略 top、bottom、left、right 或者 z-index 声明)
inherit	规定应该从父元素继承 position 属性的值

1) 固定定位(fixed)

fixed 固定定位，只针对浏览器窗口定位，上下左右不会随着窗口大小改变。例如，固定位置的小广告，常用于网站边缘的公司联系方式和快速回到顶部。

【案例实践 6-36】 固定定位(fixed)。

在 HBuilder 中新建文件，输入以下代码：

```
<html>
    <head>
        <meta charset="UTF-8">
        <title></title>
        <style>
            div {
                width: 160px;
            }

            img {
                position: fixed;
                left: 200px;
                top: 80px;
            }

            span {
                position: fixed;
                left: 235px;
                top: 290px;
                font-size: 14px;
            }
        </style>
    </head>
    <body>
        <img src="img/gt.jpg" width="300" height="200px" />
        <div>
            <p>7 月 31 日起，牡佳高铁联调联试进入信号系统测试阶段，相关测试将持续近一个月，信号系统测试结束后将正式转入试运行阶段，为年内具备开通运营条件奠定基础。<br>    牡佳高铁位于黑龙江东部地区，经过牡丹江市、林口县、鸡西市、七台河市、桦南县、双鸭山市、佳木斯市，线路全长 371.6 公里，设计时速为 250 公里，是国家“十三五”规划和《中长期铁路网规划》的重点铁路工程项目，也是目前在建我国最东端的高寒高铁。牡佳高铁开通运营后，将与哈牡高铁、哈佳铁路共同构成黑龙江省东部快速铁路环线，牡丹江至佳木斯列车运行时长将由现在的 7 小时左右缩短至 2 小时以内，沿线城市将全部纳入到哈尔滨两小时、三小时经济圈，省内将有 8 个地级城市实现高铁相通。
            </p>
            <span>牡佳高铁。图片来源：国铁集团</span>
        </div>
```

```
    </body>
</html>
```

代码运行结果如图 6-63 所示。

7月31日起，牡佳高铁联调联试进入信号系统测试阶段，相关测试将持续近一个月，信号系统测试结束后将正式转入试运行阶段，为年内具备开通运营条件奠定基础。
牡佳高铁位于黑龙江东部地区，经过牡丹江市、林口县、鸡西市、七台河市、桦南县、双鸭山市、佳木斯市，线路全长371.6公里，设计时速为250公里，是国家“十三五”规划和《中长期铁路网规划》的重点铁路工程项目，也是目前在建我国最东端的高寒高铁。牡佳高铁开通运营后，将与哈牡高铁、哈佳铁路共同构成黑龙江省东部快速铁路环线，牡丹江至佳木斯列车运行时长将由现在的7小时左右缩短至2小时以内，沿线城市将全部纳入到哈尔滨两小时、三小时经济圈，省内将有8个地级城市实现高铁相通。

牡佳高铁。图片来源：国铁集团

图 6-63 fixed 定位效果图

2) 绝对定位(absolute)

absolute 绝对定位，脱离文档流，没有父元素，上下左右设置是针对浏览器窗口，不占据位置，会随着窗口大小与页面一起改变。

在 HBuilder 中新建文件，复制案例 36 中的代码并另存到相同目录下，仅将该代码中的定位方式改成 absolute 即可，如图 6-64 所示。运行代码后会发现，页面中的图片会随窗口滚动条而上下移动，对比后，可以明显看出 fixed 与 absolute 的区别。

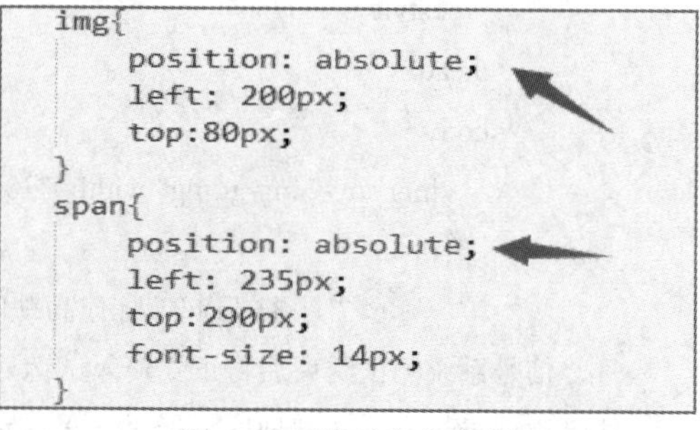

img{
position: absolute;
left: 200px;
top:80px;
}
span{
position: absolute;
left: 235px;
top:290px;
font-size: 14px;
}

图 6-64 绝对定位代码

3) 相对定位(relative)

relative 相对定位是相对于元素原始的起点位置进行偏移的。如果对一个元素进行相对定位，可以通过设置垂直或水平位置，让这个元素“相对于”它的起点进行移动。但在使用相对定位时，无论是否进行移动，元素仍然占据原来的空间。因此，移动元素会导致它覆盖其他框。

【案例实践 6-37】 相对定位(relative)。

在 HBuilder 中新建文件，输入以下代码：

```
<html>
    <head>
        <meta charset="UTF-8">
        <title></title>
        <style>
            div{
                width: 100px;
                height: 100px;
                background-color: brown;
            }
            div:nth-child(2){
                background-color: blueviolet;
                position: relative;
                left: 80px;
                top:30px;
            }
        </style>
    </head>
    <body>
        <div>1</div>
        <div>2</div>
        <div>3</div>
    </body>
</html>
```

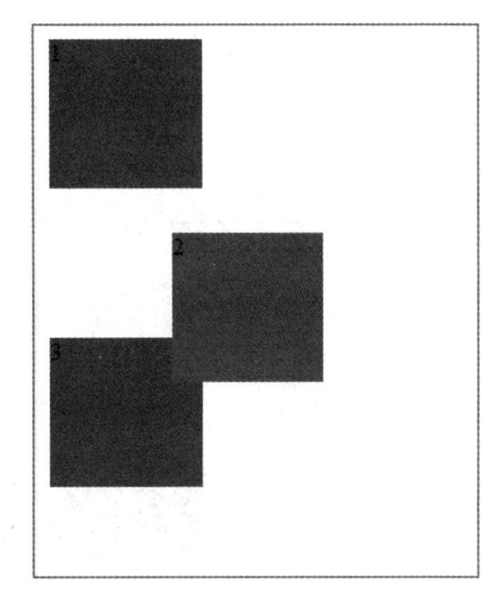

图 6-65　相对定位效果图

代码运行结果如图 6-65 所示。

3. 弹性布局(flex)

2009 年，W3C 提出了一种新的方案，即 Flex 布局。它可以简便、完整、响应式地实现各种页面布局。目前，它已经得到了所有浏览器的支持，这意味着，现在可以放心地使用该项功能。

Flex 是 Flexible Box 的缩写，意为“弹性布局”，为 BOX 模型提供了最强大的灵活性。任何一个容器都可以指定为 Flex 布局。传统的布局解决方案是基于 BOX 模型，依赖 display 属性、position 属性、float 属性进行布局。但是，很多时候复杂的布局会显得很麻烦。通过将容器设为 Flex 布局以后，它的子元素自动成为容器成员，称为 Flex 项目(Flex Item)。其中的成员可以批量定义为横向排列或者纵向排列，默认值是横向排列。该容器的常用属性包括 flex-direction 和 flex-wrap，而 flex-flow 是它们的简写形式，默认值为 row nowrap。

flex-direction 定义排列方向，其常用属性值如表 6-12 所示，其取值与效果如图 6-66 所示。

表 6-12 flex-direction 常用属性值

值	功 能
row(默认值)	主轴为水平方向，起点在容器的左端。
row-reverse	主轴为水平方向，起点在容器的右端。
column	主轴为垂直方向，起点在容器的上沿。
column-reverse	主轴为垂直方向，起点在容器的下沿。

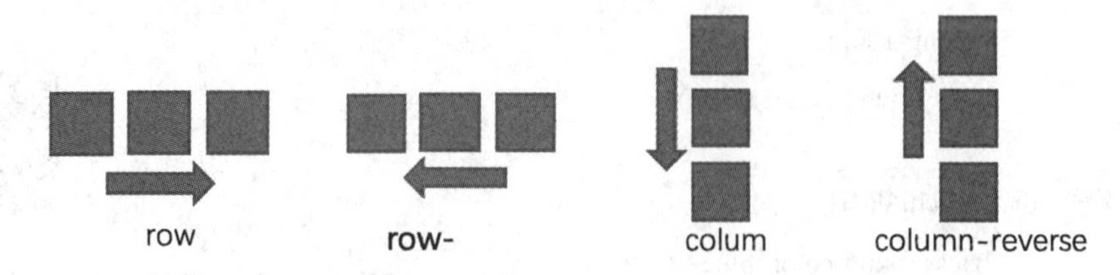

图 6-66 四种方向的排列效果

flex-wrap 定义如果一行排不下如何换行，其常用属性如表 6-13 所示，其取值与效果如图 6-67 所示。

表 6-13 flex-wrap 常用属性

值	功 能
nowrap(默认)	不换行
wrap	换行，第一行在上方
wrap-reverse	换行，第一行在下方

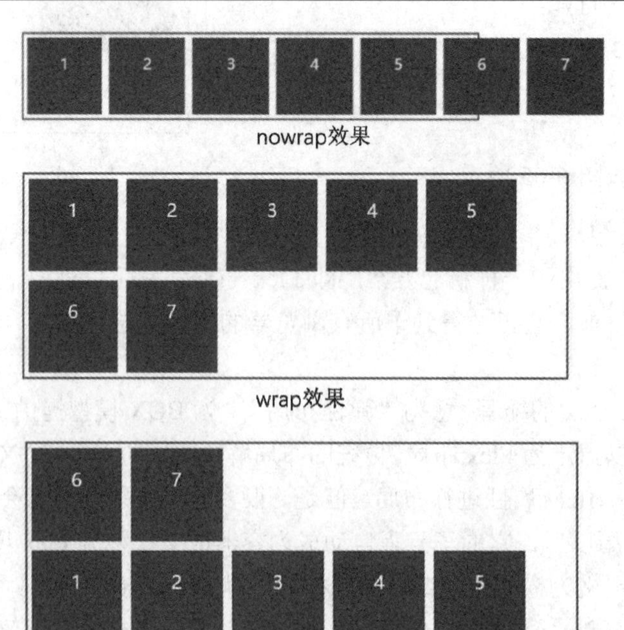

图 6-67 flex-wrap 的三种效果

【案例实践 6-38】 制作九宫格。

在 HBuilder 中新建文件，输入以下代码：

```
<html>
    <head>
        <meta charset="UTF-8">
        <title></title>
        <style>
            .block {
                display: flex;
                flex-wrap: wrap;
            }
            .block-child {
                margin: 5px;
                width: 50px;
                height: 50px;
                border: 1px #333 solid;
                box-sizing: border-box;
                line-height: 50px;
                text-align: center;
            }
        </style>
    </head>

    <body>
        <div class='block'>
            <div class='block-child'>1</div>
            <div class='block-child'>2</div>
            <div class='block-child'>3</div>
            <div class='block-child'>4</div>
            <div class='block-child'>5</div>
            <div class='block-child'>6</div>
            <div class='block-child'>7</div>
            <div class='block-child'>8</div>
            <div class='block-child'>9</div>
        </div>
    </body>
</html>
```

代码运行结果如图 6-68 所示。

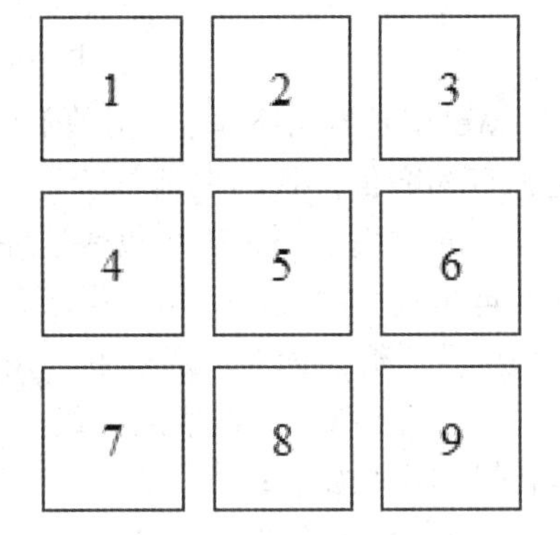

图 6-68　九宫格效果

在常见的布局方式中，以像素为单位来设置大小的固定布局经常为企业网站或大型门户网站所使用，针对移动设备用户，则选择以百分比或 cm 为单位的流式布局和弹性布局。实现多栏布局的方法有多种，弹性盒布局的方式最为灵活，调整最方便。

6.5.5 CSS 框架

在实际工作中，为了节省时间、提高工作效率，在进行页面布局时通常结合 CSS 框架进行布局，用于改善页面布局方式，使得布局工作更加灵活、简易、高效。CSS 框架是一个软件框架，它支持使用 HTML/CSS 进行更简单、更符合标准的网页设计。许多流行的 CSS 框架都是面向设计，包含了各类元素，这些元素可以用于创建任何网站或应用程序以及一个网格系统，是响应式网页布局的一把“利剑”。常见的 CSS 框架有 Bootstrap、Ant Design、Material-UI、Element、WeUI、Materialize、iView、layui、Gentelella Admin、NES-style、VUX、Vant 等。其中，WeUI 是一套同微信原生视觉体验一致的基础样式库，由微信官方设计团队为微信内网页和微信小程序量身设计，是典型的响应式 CSS 布局，可令用户的使用感知更加统一、标准化，WeUI 包含了 button、cell、dialog、progress、toast、article、actionsheet、icon 等各式元素，如图 6-69 所示。

图 6-69　基于 WeUI 框架的页面设计

WeUI 是微信终端非常出色的 UI 样式库，提供了非常丰富的基础 UI 组件，最重要的是拥有和微信一致的视觉体验，使得用户即使从微信切换到相关小程序，也不会觉得 UI 突兀。通过采用 WeUI 可以快速完成移动端响应式布局，它能够使我们设计的元素在任何大小屏幕尺寸中灵活适配，保证布局和体验的一致性，使我们在最小的资源情况下完成自适应配置，开发简单、成本低，是轻量型、响应式应用研发的最佳选择。

下面介绍 WeUI 框架的下载与使用。其下载地址为 https://github.com/Tencent/weui-wxss，具体操作步骤如下：

(1) 将整个文件下载下来，并将其中的 dist 文件夹导入到独立的小程序中作为参考，如图 6-70 所示。

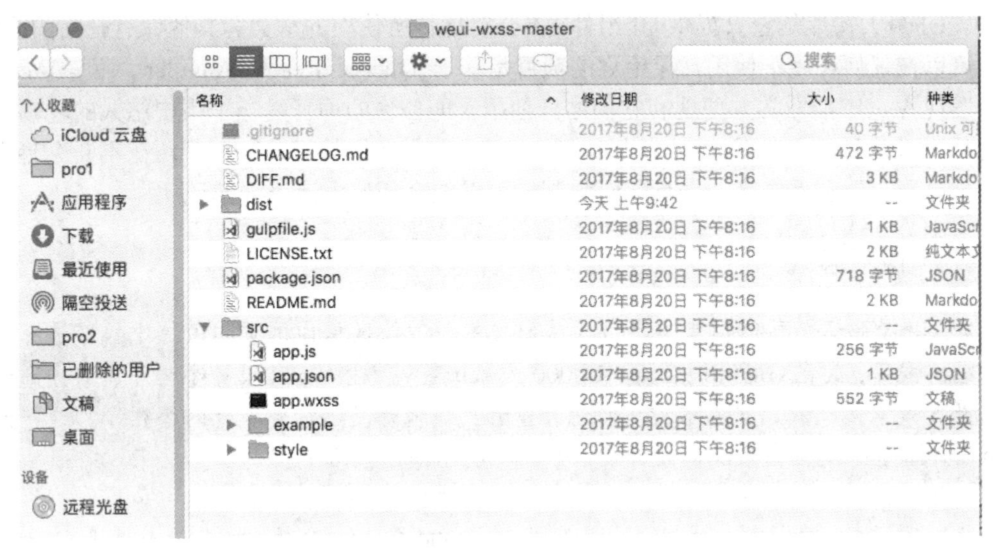

图 6-70　WeUI 文件包

(2) 将 style 文件夹拷贝到小程序根目录中，如图 6-71 所示，样式文件可直接引用 dist/style/weui.wxss，或者单独引用 dist/style/widget 下的组件 wxss。

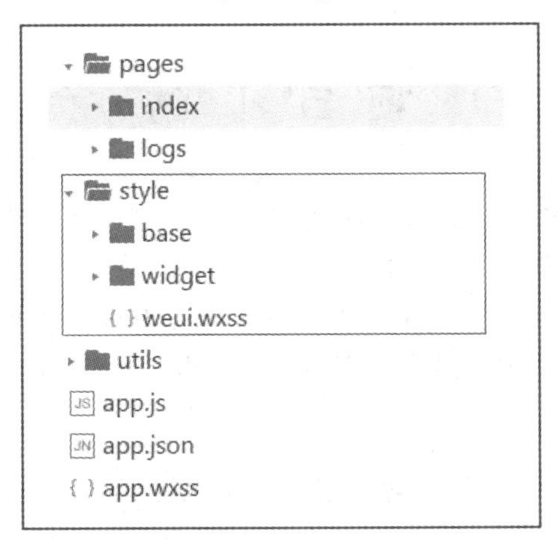

图 6-71　WeUI 样式组件

(3) 引入 weui.wxss，在 app.wxss 内或者需要的页面内引入 style/weui.wxss 或者在 app.wxss 内或者需要的页面内引入 style/widget 下的组件 wxss。代码如下：

方法一：

```
1 /**app.wxss>**/
2 @import 'style.weui.wxss'
```

方法二：

```
1 /**app.wxss---->引入button的wxss**/
2 @import 'style.widget.weui-button.weui-button.wxss';
```

WeUI 是专为微信公众号开发并设计的一个简洁而强大的 UI 库，包含全部 WeUI 官方的 CSS 组件，并且额外提供了大量的拓展组件，丰富的组件库可以有效地减少前端开发时间。WeUI 最大特点是它只提供 UI 组件，不会对项目所使用的框架和其他库有任何的限制，几乎可以在任何环境下使用。无论你的项目是基于 jQuery、React、Angular、还是 Vue，你都会发现 WeUI 能非常方便地和它们结合使用。即使你的项目是一个历史悠久的老项目，也几乎可以做到拿来即用。WeUI 提供了 30 多个非常实用的组件，并且还在不断完善中。它简单易用，无上手难度；轻量，无限制，可以结合任何主流 JS 框架使用。

课堂思政

WeUI 是腾讯公司微信官方设计团队研发的一款为微信内网页和微信小程序量身设计的基础样式库，其在 GitHub 中达到 14 000 个 star 数。使用 WeUI 设计小程序能够提高开发者的开发效率，降低开发成本，从而让开发者更快地开发出符合规范的小程序。这就像是超低成本雇佣一支国内顶尖的设计团队帮用户打造一个接近完美的视觉框架。

腾讯公司即深圳市腾讯计算机系统有限公司成立于 1998 年 11 月，由马化腾、张志东、许晨晔、陈一丹、曾李青五位创始人共同创立，2004 年在香港联交所主板公开上市(股票代号 00700)。2019 年 10 月 23 日，2019《财富》未来 50 强榜单公布，腾讯公司排名第 12，在“一带一路”中国企业 100 强榜单排名第 14 位。2019 年 12 月 18 日，人民日报发布中国品牌发展指数 100 榜单，腾讯公司排名第 4 位。

项 目 小 结

本项目详细介绍了 CSS 层叠样式表的引入方法，CSS 选择器，包括标记选择器、类选择器、id 选择器、派生选择器等，CSS 的文本、字体、背景、表格等属性。此外，还详细介绍了盒子模型属性，CSS 页面布局技巧与 position、float、flex 等布局方法的使用，以及框架的用途与使用方法。本项目是学习 HTML 和 CSS 样式知识的重点项目。

项 目 习 题

一、选择题

1. 在 CSS 中，能够使文本水平居中的 CSS 属性是(　　)。

A. text-align　　B. text-decoration

C. text-indent　　D. font-style

2. 在 HTML 的 a 标签中，实现在新窗口打开链接的标签属性是(　　)。

A. target　　B. _self

C. _parent　　D. _top

3. 下列(　　)不属于常见的页面布局方式。

A. 流式布局　　B. 固定布局

C. 静态布局　　D. 弹性布局

4. 常见的布局结构是(　　)。

A. “X”字形结构　　　　　　B. “S”字形结构

C. “E”字形结构　　　　　　D. “T”字形结构

5. 某个块元素想要居于浏览器的水平居中位置，应设置它的 margin 为(　　)。

A. 0　　auto　　　　　　　B. auto　0

C. center　auto　　　　　　D. auto　center

二、填空题

1. 传统的网页布局以表格为主，但现在____________布局逐步被广泛使用。

2. Div + CSS 布局技术设计网页两个重要组成部分：____________________。

3. ____________是 Flexible Box 的缩写，意为“弹性布局”。

三、思考题

1. 你是否理解了 display 属性的使用？能自行编写实例测试各属性值的效果吗？

2. 你理解了盒模型的总尺寸概念吗？能否自行编写实例测试控制盒子的大小？

3. 你理解了 Float 是如何布局的吗？能否按照自己的意愿自行处理图文混排效果？

4. 你能结合 Flex 布局设计与定位属性布局设计一个有头部导航、底部导航、中间主体内容的页面吗？

四、项目实训

1. 实训目的：

(1) 掌握页面浮动布局。

(2) 掌握导航的制作方法。

(3) 掌握新闻列表的制作方法。

2. 实训内容：根据素材制作科普知识网页，效果如图 6-72 所示。

图 6-72　科普知识效果图

参考代码：

body 部分：

```
<body>
    <div class="header">
        <div class="search">
            <input type="text" name="" id="" value="" class="tex" placeholder="请输入关键字"/>
            <input type="button" class="but" value="搜  索"/>
        </div>
        </div>
        <div class="nav">
            <ul>
                <li><a href="#">信息新闻</a></li>
                <li><a href="#">网络工程</a></li>
                <li><a href="#">前沿时代</a></li>
                <li><a href="#">科学技术</a></li>
                <li><a href="#">名人名事</a></li>
                <li><a href="#">一线新闻</a></li>
                <li><a href="#">科普知识</a></li>
                <li><a href="#">读者趣事</a></li>
                <li><a href="#">科学作品</a></li>
                <li><a href="#">更多服务</a></li>
            </ul>
        </div>
        <!--内容区开始-->
        <div class="content">
            <div class="h3">科普知识
            <div class="con_footer"><span id="">

            </span>
            <a href="#">more</a>
            </div>
            <div class="clrea"></div>
            </div>
            <div class="neirong content">
                <div class="left">
            <img src="img/1eecd222e1738be9435877de2c3f07ef.png" />
            <ul>
            <li><b></b><a href="#">潜艇能在水下发射导弹</a></li>
            <li><b></b><a href="#">雷达能发现夜空中的飞机</a></li>
```

```
        <li><b></b><a href="#">隐形飞机是怎么隐形的？</a></li>
        <li><b></b><a href="#">坦克底部有一扇门，你知道吗？</a></li>
        </div>
        <div class="right">
        <ul>
            <li><b></b><a href="#">水果冰镇后味道更甜</a></li>
            <li><b></b><a href="#">为什么向日葵总是朝着太阳</a></li>
            <li><b></b><a href="#">树叶颜色的变化</a></li>
            <li><b></b><a href="#">蝉为什么会脱皮</a></li>
            <li><b></b><a href="#">蜜蜂怎样酿蜜</a></li>
            <li><b></b><a href="#">蛇没脚怎么走路</a></li>
            <li><b></b><a href="#">肚子饿了为什么会咕咕叫</a></li>
            <li><b></b><a href="#">罐头里的食品不容易变坏</a></li>
            <li><b></b><a href="#">驼鸟会飞吗？</a></li>
            <li><b></b><a href="#">海水是咸的吗？</a></li>
        </ul>
        </div>
        <div class="clrea"></div>
    </div>

</div>
<!--内容区结束-->
<div class="footer">

    版权属于开发人员本人　　未经书面授权禁止使用

</div>
</body>
```

CSS 样式部分：

```
<style type="text/css">
    *{
        padding: 0;
        margin: 0;
        list-style: none;
    }
    a{
        text-decoration: none;


    }
```

```
b{
    display: inline-block;
    width: 8px;
    height: 8px;
    background: #333;
    margin-right: 10px;
}
.clrea{
    clear: both;
}
.header{
    height:260px;
    background:url(img/banner03.jpg) no-repeat   center -10px;
    position: relative;
    background-size: 100% 360px ;
}
.header .search{
    position: absolute;
    top: 60px;
    right: 15%;
}
.header .search .tex{
    width: 220px;
    height: 40px;
    font-size: 14px;
    color: #8553af;
    padding-left: 10px;
    border-style:none ;
    float: left;
    border-radius: 5px 0 0 5px;
    outline: none;
}
.header .search .but{
    width: 80px;
    height: 40px;
    background: #3234fa;
    color: #fff;
    font-size: 18px;
    border-style:none ;
```

```
    float: left;
    border-radius: 0 5px 5px 0;
}
.nav{
    height: 60px;
    background: #30a4f5;
}
.nav ul{
    width: 1200px;
    height: 60px;
    margin: 0 auto;
}
.nav ul li{
    float: left;
    list-style: none;
    margin-left: 35px;
    line-height: 60px;
}
.nav ul li a{
    display: block;
    font-size: 18px;
    color: #fff;
    text-decoration: none;
    height: 60px;
    padding: 0 5px;
}
.nav ul li a:hover{
    background:blue;

}
.content{
    width: 1200px;
    margin: 20px auto;
}
.content .h3{
    font-size: 50px;
    font-family: "华文行楷";
}
.content span{
```

```
    float: left;
    display: block;
    width: 1100px;
    height: 10px;
    border: 1px solid #02a4a5;
    border-right: none;
}
.con_footer a{
    float: left;
    width: 80px;
    height: 35px;
    border-radius: 8px;
    background: blue;
    color: #fff;
    text-decoration: none;
    text-align: center;
    line-height: 35px;
    margin-top: -12px;
    }

    .neirong .left{
    width: 50%;
    float: left;
}

.neirong li a{
    font-size: 18px;
    color: #555;
}
.neirong li a:hover{
    text-decoration: underline;
    color: red;
}
.neirong .left li{
    height: 50px;
    line-height: 50px;
}
.neirong .right{
    width: 50%;
```

```
        float: left;

    }
    .neirong .right li{
        height: 35px;
        line-height: 35px;
        padding-left: 10px;
    }
    .footer{
        height: 100px;
        background: blue;
        text-align: center;
        line-height: 100px;
        color: white;
        font-size: 25px;

    }
</style>
```

项目 7　HTML 5 新增的常用元素

学习目标

- 掌握文档结构元素的使用
- 掌握文本格式化元素的使用
- 掌握页面增强元素的使用
- 掌握全局属性的使用

任务 7.1　文档结构元素

HTML 5 中新增了很多结构元素，包括 header 元素、nav 元素、article 元素、section 元素、aside 元素、footer 元素等，这些结构元素的作用与块元素的作用类似，但新元素使文档结构更加清晰的同时增强了代码的阅读性。使用结构元素布局比 div 布局更能优化网页的搜索引擎。

1. header 元素

header 元素用于定义文档的头部，可以是整个页面的标题，也可以是页面中某个内容区块的标题。一个 header 元素至少可以包含一个标题(h1～h6)，也可以包含 Logo 图片、表单搜索框、作者名称等其他相关内容。它是一种具有引导和导航作用的结构元素。

2. nav 元素

nav 元素用于定义导航链接部分，可以是页面整体的导航，也可以是页面不同部分的导航，其中的导航元素可以链接到站点的其他页面或者当前页的其他部分。常见的导航条样式有顶部导航、底部导航和侧边导航。

3. footer 元素

footer 元素用于定义一个页面或者区域的底部，包含文档的作者、版权信息、使用条款链接、联系信息等。一个文档中可以使用多个 footer 元素。

下面通过“古代服饰”案例来演示 header 元素、nav 元素和 footer 元素的用法。

【案例实践 7-1】“古代服饰”页面设计。

示例代码如下：

CSS 样式部分：

```
<style type="text/css">
    body,header,nav,footer,div,img,h3,p,ul,li{
```

```
    margin: 0px;
    padding: 0px;
}
body{background-color: #eae8eb;}
ul{
    list-style: none;
}

/*头部开始*/
header{
    margin: 0 auto;
    width: 670px;
    height: 200px;
    line-height: 300px;
    background-color: bisque;
    position: relative;
    z-index: -99;/*header 设置为相对定位后会遮盖住 nav，使得 nav 中的超链接失效，为避免
这种情况，可添加层叠等级，让 header 沉下去  */
}
header h3{
    padding-left:300px;
}
.head_t{
    width: 100px;
    height: 100px;
    position: absolute;
    top: 30px;
    left:290px;
}
.head_t img{
    display: block;
    border-radius: 50%;
    margin-top: 0px;/*将图片移到父容器 div 内*/
}
/*头部结束*/

/*菜单部分开始*/
nav{
    width: 670px;
```

```
        height: 35px;
        margin: 0 auto;
        line-height: 35px;
        background-color: #fff;
        margin-bottom: 20px;
    }
    nav ul li{
        float: left;
        margin-left: 80px;
    }
    nav li a{
        color: black;
        text-decoration: none;
    }
    /*菜单部分结束*/

    /*古代服饰主体内容*/
    .main{
        margin: 0 auto;
        width: 670px;
        height: 200px;
        border-radius: 20px;
        background-color: #fff;
        margin-bottom: 20px;
    }

    /*底部开始*/
    footer{
        width: 100%;
        height: 100px;
        text-align: center;
        background-color: #ccc;
        color: #666;
    }
    footer a{
        text-decoration: none;
        display: inline-block;
        margin:20px 15px 5px;
        color: #666;
```

```
        }
    footer a:hover{
        color: #666;
        text-decoration: none;
        }
    /*底部结束*/
</style>
```

HTML 代码部分：

```
<body>
    <!--头部开始-->
    <header>
        <a href="#" class="head_t">
            <img src="img/头像.jpg" style="width: 100px; height: 100px;"/>
        </a>
        <h3>古代服饰</h3>
    </header>
    <!--头部结束-->
    <!--菜单部分开始-->
    <nav>
    <ul>
        <li><a href="#">商周服饰</a></li>
        <li><a href="#">秦汉服饰</a></li>
        <li><a href="#">唐朝服饰</a></li>
        <li><a href="#">清代服饰</a></li>
    </ul>
    </nav>
    <!--菜单部分结束-->
    <!--古代服饰主体内容部分-->
    <div class="main">
        <p>不同时期的服饰是与当时所处的生产力水平和生活方式相统一的</p>
    </div>
    <!--底部开始-->
    <footer>
        <p><a href="#">信息中心</a><a href="#">信息中心</a><a href="#">帮助</a></p>
        <p>copyright&copy;2010XXXXX</p>
    </footer>
    <!--底部结束-->
</body>
```

预览结果如图 7-1 所示。

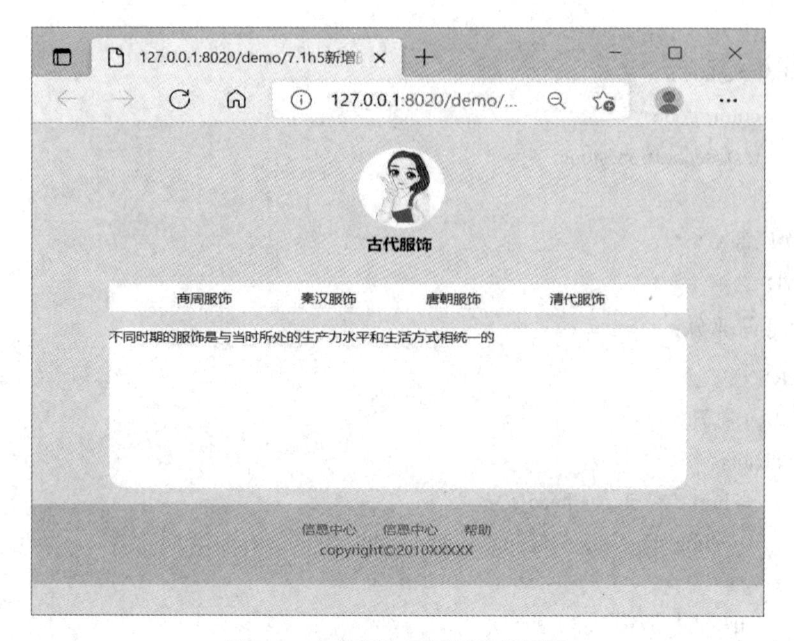

图 7-1　古代服饰网页预览效果图

上例中 nav 元素内部嵌套无序列表<ul>来搭建导航结构。

课堂思政

中国服饰文化是中国传统文化的重要组成部分。

服饰是人类物质文明和精神文明的成果。它除了御寒保暖之外，还有美化形体、表达礼仪等功能，是文化的载体。服饰中蕴含着民族的习俗、文化，人们的色彩爱好、审美情趣等，也体现着与自然、与社会、与人的和谐。

4. section 元素

section 元素用于定义文档的某个区域，用于对页面上的内容分块，通常由标题(h1～h6)和内容组成，如果没有标题就不使用 section 元素。此外，section 元素可嵌套使用。

5. article 元素

article 元素用于定义一个独立的文档内容、页面或应用程序，如一篇文章、一篇日志或一篇用户评论等。article 元素可以使用 header、footer 等元素，也可以使用多个 section 元素进行分块。article 元素可嵌套使用。

article 元素和 section 元素可以互相嵌套使用，article 元素更注重内容的独立性，而 section 元素则更能体现内容的分块。

6. aside 元素

aside 元素用于定义与文档主区域内容相关，而在主区域内容之外的内容则无法定义，如侧边栏、导航条、广告、注释等。

下面通过一个案例来演示 article 元素、section 元素和 aside 元素的用法。

【案例实践 7-2】 article 元素、section 元素和 aside 元素的应用。

示例代码如下：

CSS 样式部分：

```
<style type="text/css">
    aside{
        width: 300px;
        border: 1px solid #ccc;
        position: absolute;
        top: 0px;
        right: 50px;
    }
</style>
```

Body 部分：

```
<body>
    <article>
        <header>
            <h1>第 7 章 HTML5 常用元素和属性</h1>
        </header>
        <p>在 HTML5 中增加了很多新的标记元素和属性，本项目将介绍结构元素、文本格式化
元素和页面增强元素。
        </p>
        <section>
            <h2>7.1 结构元素</h2>
            <article>
                <header>
                    <h3>7.1.1header 元素</h3>
                </header>
                    <p>header 元素包含整个页面或者是页面中某个内容区块的标题。其语法格式
为....</p>
            </article>
            <article>
                 <header>
                     <h3>7.1.2section 元素</h3>
                 </header>
                 <p>section 元素类似于任务的内容，通常由标题和内容组成。</p>
              </article>
            </section>
            <section>
                <h2>7.2 文本格式化元素</h2>
            <article>
```

```
                <header>
                    <h3>mark 元素</h3>
                </header>
                <p>mark 元素的功能是使某些文本内容高亮显示</p>
            </article>
            </section>
        </article>
        <aside>
            <h3>目录</h3>
            <ul>
                <li><a href="#">第 7 章 HTML5 常用元素和属性</a></li>
                <li><a href="#">7.1 结构元素</a></li>
                <li><a href="#">7.2 文本格式化元素</a></li>
            </ul>
        </aside>
    </body>
```

预览结果如图 7-2 所示。

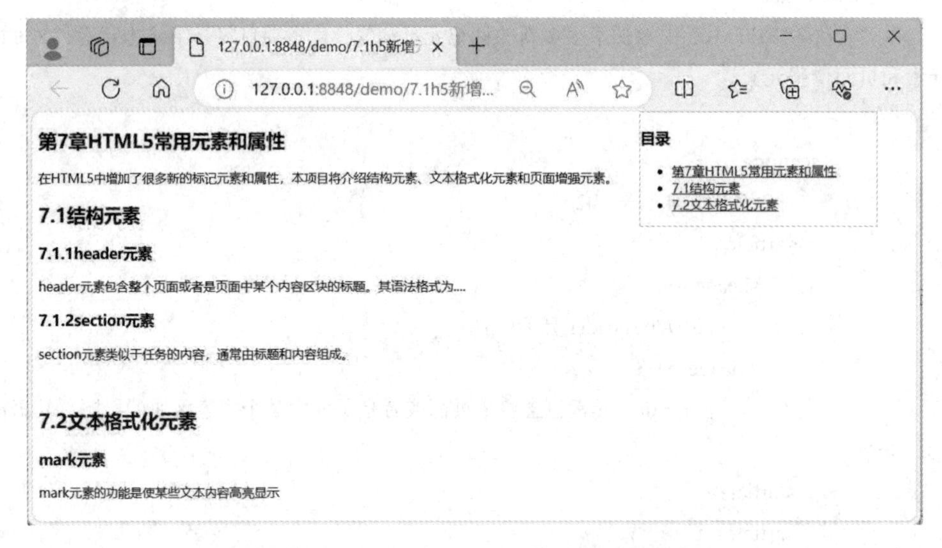

图 7-2　article 元素、section 元素和 aside 元素的用法

任务 7.2　文本格式化元素及页面增强元素

7.2.1　文本格式化元素

文本格式化元素包括 mark 元素、time 元素和 cite 元素等，这些元素可以使页面内容更形象生动。

1. mark 元素

mark 元素用于定义高亮显示文本。mark 元素中的文本在显示时会加上一个黄色背景。

2. time 元素

time 元素用于定义时间(24 小时制)或日期，该元素能够以机器可读的方式对日期和时间进行编码。time 元素有两个属性，分别为 datetime 属性和 pubdate 属性。

- datetime 属性：定义日期或时间，其属性值必须是一个有效的日期、时间格式，如“2021-08-20”“10:00”“2021-08-2010:00”，这个日期时间用户看不到，机器能够读取，用户能看到的是<time>标签中的内容。
- pubdate 属性：定义 time 元素中的日期时间是文档的发布日期。

3. cite 元素

在 HTML 5 中 cite 元素定义作品的标题(如书籍、歌曲、电影、电视节目、绘画、雕塑的标题等)。在 HTML 4.01 中 cite 元素定义一个引用。

下面通过一个案例演示 time 元素、mark 元素及 cite 元素的用法。

【案例实践 7-3】 time 元素、mark 元素以及 cite 元素的应用。

示例代码如下：

```
<body>
    <h2>祝融号火星车圆满完成既定探测任务 将继续行驶实施拓展任务</h2>
    <p>截至<time>8 月 15 日</time>，<mark>祝融号火星车</mark>在火星表面运行<mark>90 个</mark>火星日(约 92 个地球日)，累计行驶<mark>889 米</mark>，所有科学载荷开机探测，共获取约<mark>10GB</mark>原始数据，祝融号圆满完成既定巡视探测任务。当前，火星车状态良好、步履稳健、能源充足，将继续向乌托邦平原南部的古海陆交界地带行驶，实施拓展任务。</p>
    <cite>-----摘自《新华网》</cite>
</body>
```

预览结果如图 7-3 所示。

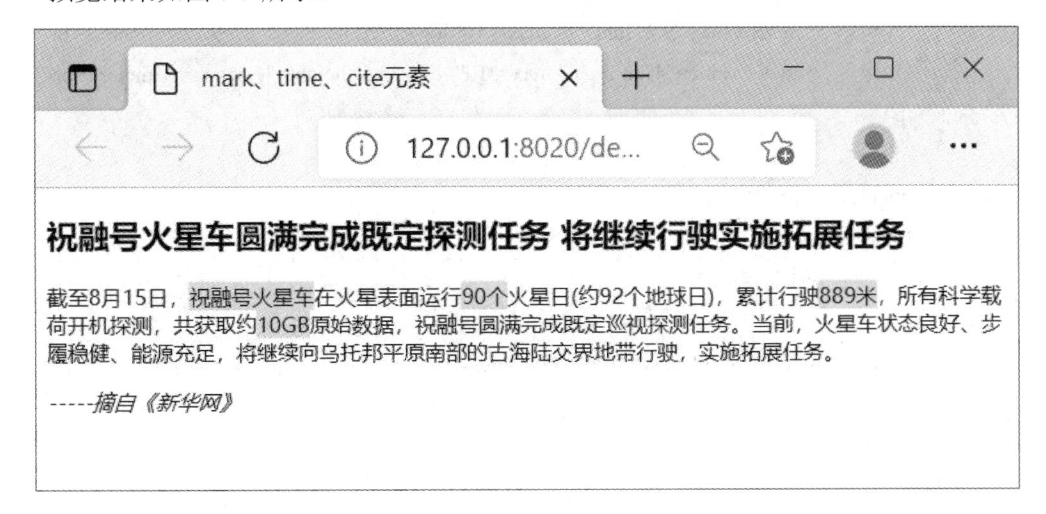

图 7-3　time 元素、mark 元素以及 cite 元素的用法

7.2.2 页面增强元素

1. meter 元素

meter 元素用于定义度量衡，仅用于已知最大值和最小值的度量。如磁盘使用情况，查询结果的相关性等。meter 元素还可以指定如下属性：

- value：定义当前给定的值。
- min：定义最小值。
- max：定义最大值。
- low：被确定为低值的临界值。
- high：被确定为高值的临界值。
- optimum：被确定为最佳值的临界值。如果这个临界值高于 high 的值，则表示值越高越好；如果这个临界值低于 low 的值，则表示值越低越好。

2. progress 元素

progress 元素用于定义运行中的任务进度(进程)，progress 元素有如下两个属性：

- value：指已完成的任务量。
- max：总共要完成的任务量。

下面通过一个案例演示 meter 元素和 progress 元素的用法。

【案例实践 7-4】 meter 元素和 progress 元素的应用。

示例代码如下：

```
<body>
    <div class="part1">
    <h1>meter 元素</h1>
    <h3>电影豆瓣分</h3>
    <p>
      A 电影   <meter value="9.2" min="0" max="10" low="5.5" height="7.8">9.2 分</meter><br>
      B 电影   <meter value="4" min="0" max="10" low="5.5" height="7.8">4 分</meter><br>
    </p>
    </div>
    <div class="part2">
    <h1>progress 元素</h1>
    <h3>项目完成进度</h3>
    <p>
       <progress value="70" max="100"></progress>
    </p>
    </div>
</body>
```

预览结果如图 7-4 所示。

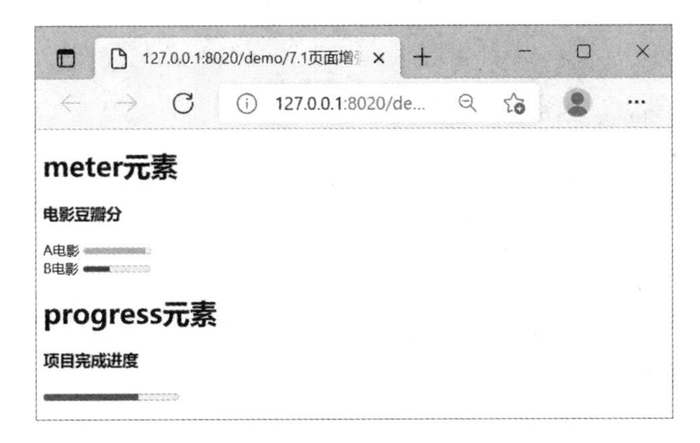

图 7-4　meter 元素和 progress 元素用法

任务 7.3　全 局 属 性

1. contenteditable 属性

contenteditable 属性用于定义元素内容是否可编辑。该属性有两个值：true 和 false。如果属性值为 true，则在浏览器页面中可以修改文本内容，且新的内容将显示在页面上，但是如果刷新页面，页面重新加载，则修改的内容会丢失；如果属性值为 false，则页面上的内容不可修改。

下面通过案例演示 contenteditable 属性的用法。

【案例实践 7-5】 contenteditable 属性的应用。

示例代码如下：

```
<!DOCTYPE html>
<html>
    <head>
        <meta charset="UTF-8">
        <title></title>
        <style type="text/css">
            table{
                border-collapse: collapse;
                width: 300px;
            }
        </style>
    </head>
    <body>
        <table border="1" contenteditable="true">
            <caption>学生信息表</caption>
            <tr>
```

```
            <th>学号</th>
            <th>姓名</th>
            <th>专业</th>
        </tr>
        <tr>
            <td>2021001</td>
            <td>王明</td>
            <td>软件技术</td>
        </tr>
        <tr>
            <td>2021031</td>
            <td>刘小</td>
            <td>物联网技术</td>
        </tr>
    </table>
  </body>
</html>
```

预览结果如图 7-5 所示。

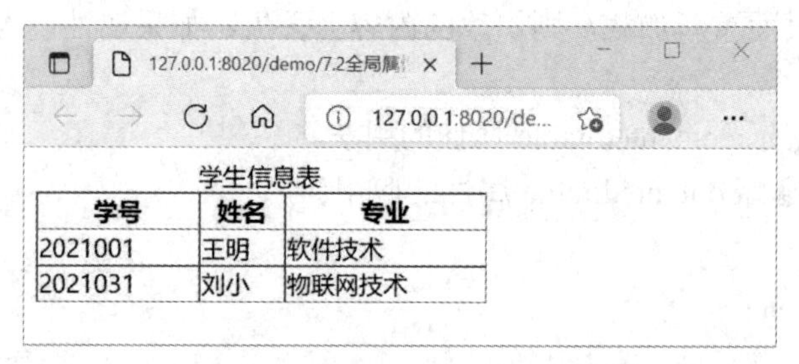

图 7-5　contenteditable 属性

根据预览结果可以看出，由于 table 中 contenteditable 的属性值设为了 true，所以表格中的内容可以修改，当页面刷新时，修改的内容会丢失，表中仍显示原内容。

2. spellcheck 属性

spellcheck 属性用于对输入的内容进行拼写和语法检查，主要用于 textarea 多行文本框和 input 元素。该属性有两个值：true 和 false。如果值为 true，则对用户输入的值进行检查；如果值为 false，则不检查。

下面通过案例演示 spellcheck 属性的用法。

【案例实践 7-6】 spellcheck 属性的应用。

示例代码如下：

```
<!DOCTYPE html>
<html>
    <head>
        <meta charset="UTF-8">
```

```
            <title>spellcheck 属性</title>
        </head>
        <body>
            <h3>检查拼写和语法</h3>
            <textarea spellcheck="true" cols="30" rows="5"></textarea>
        </body>
    </html>
```

预览结果如图 7-6 所示。

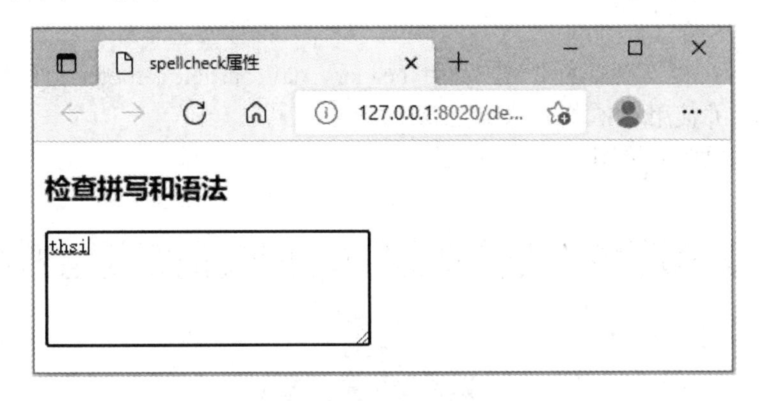

图 7-6　spellcheck 属性

从预览结果中可以看到，“this”这个单词拼写错误，下面显示红色波浪线。

项 目 小 结

本项目通过案例详细介绍了结构元素、文本格式化元素、页面增强元素及全局属性。其中结构元素包括 header 元素、nav 元素、article 元素、section 元素、aside 元素、footer 元素等，HTML 5 提供的新的结构元素用来创建更好的页面结构。全局属性可以用在任何一个元素上，它们可以配置所有元素共有的行为。

项 目 习 题

一、填空题

1. 定义导航链接的元素是(　　)。

A. article　　B. header　　C. nav　　D. footer

2. 和标题一起使用表示一个内容区块的元素是(　　)。

A. article　　B. section　　C. aside　　D. footer

3. 用于表示一个任务的完成进度的元素是(　　)。

A. progress　　B. meter　　C. cite　　D. mark

4. 用于对输入的信息进行拼写检查的属性是(　　)。

A. hidden　　B. contenteditable

C. contextmenu　　D. spellcheck

5. 定义独立内容的元素是(　　)。

A. header　　B. article　　C. section　　D. aside

二、项目实训

1. 实训目的：

(1) 掌握结构化元素设计网页。

(2) 掌握 CSS 样式修饰网页。

2. 实训内容：根据已有的素材，利用 header、nav、article、footer 等结构化元素制作中国服饰网页，并使用 CSS 样式修饰网页

中国服饰网页的效果图如图 7-7 所示。

中国服饰

现代服饰　　古代服饰

现代服饰

中国风

(图片来源于网络)

中国风服饰以中国元素为灵魂，以中华文化为基础，将时尚与中国元素相结合，将中国古典文化与时尚相结合，来表现中国独特的文化魅力和个性特征。

唐装

(图片来源于网络)

唐装体现了中华文化开放包容的特点和新时代中国人向上的精神风貌。它继承了马褂的特点，吸纳了西方的剪裁理念与中国的文化元素。唐装可在多种场合穿着，在节日、日常生活及工作中均可穿着。

唐装一般以真丝、织锦缎等为主要面料，在挑选服装面料时，也应结合自身的气质进行选择。

©2022.11

图 7-7　中国服饰网页效果图

参考代码：

body 部分：

```
<body>
    <header>
        <h4>中国服饰</h4>
    </header>
    <nav>
        <ul class="toplist">
            <li><a href="#">现代服饰</a></li>
            <li><a href="#">古代服饰</a></li>
        </ul>
    </nav>
    <article>
        <h5>现代服饰</h5>
    <section>
        <h5>中国风</h5>
        <figure>
        <img    src="img/zhgf.jpg"/>
        <figcaption>(图片来源于网络)</figcaption>
        </figure>
        <p>中国风服饰以中国元素为灵魂，以中华文化为基础，将时尚与中国元素相结合，将中国古典文化与时尚相结合，来表现中国独特的文化魅力和个性特征。</p>
    </section>
    <section>
        <h5>唐装</h5>
        <figure>
        <img src="img/tzh.jpg">
        <figcaption>(图片来源于网络)</figcaption>
        </figure>
        <p>唐装体现了中华文化开放包容的特点和新时代中国人向上的精神风貌。它继承了马褂的特点，吸纳了西方的剪裁理念与中国的文化元素。唐装可在多种场合穿着，在节日、日常生活及工作中均可穿着。</p>
        <p>唐装一般以真丝、织锦缎等为主要面料，在挑选服装面料时，也应结合自身的气质进行选择。</p>
    </section>
    </article>
    <footer>&copy;2022.11</footer>
</body>
```

CSS 样式部分：

```
<style>
    *{
        margin: 0px;
        padding: 0px;
    }
    body{
        text-align: center;
    }
    header,nav,article,footer{
        width: 60%;
        margin: auto;
        margin-bottom: 20px;
    }
    li{list-style: none;
    }
    a{text-decoration: none;
        color: #fff;}
    nav{
        padding: 5px 0px;
        background-color:royalblue;
    }
    .toplist{
        display: table;
        /*使用表格特性，父元素宽度固定，若干个子元素平分宽度*/
        width: 100%;
    }
    .toplist li{
        display: table-cell;/*显示为表格的单元格*/
    }
    .toplist li>a{     /*父级为 li 元素的 a 元素的样式*/
        display: block;
        text-align: center;
    }
    h5{
        margin-bottom:10px;
    }
    img{
        width: 170px;
        height: 200px;
```

```
    }
    figcaption{
        font-size: 12px;
    }
    section p{
        text-align: left;
        text-indent: 2em;
        font-size: 14px;
        margin-bottom: 10px;
    }
    footer{
        font-size: 10px;
        margin-top: 20px;
    }
</style>
```

项目 8　HTML 5 表单相关元素和属性

学习目标

- 熟练掌握 HTML 5 原有的表单元素及表单控件
- 熟练掌握 HTML 5 表单新增功能类型
- 熟练掌握 HTML 5 表单控件新增的属性

任务 8.1　HTML 5 原有的表单元素及表单控件

HTML 表单用于收集不同类型的用户输入，在网页中的作用是负责获取用户填写的数据，并通过浏览器向服务器传送数据。表单是一个包含表单元素的区域。表单元素允许用户在表单中输入内容，如文本框、文本域、下拉列表、单选按钮、复选框等。

HTML 5 在保留原有 HTML 表单控件和属性的基础上，极大地增强了表单和表单控件的功能，并新增了很多校验 API，在一定程度上减少书写大量的 JavaScript 代码。

8.1.1　表单元素<form>

表单使用<form>标签来设置。在 HTML 5 之前的规范中，其他表单控件(如单行文本框、单选按钮、多行文本域、复选框等)必须放在<form>元素内，否则用户输入的信息可能无法提交到服务器上。<form>元素的主要属性如下：

(1) name：用于指定表单的唯一名称，通常与 id 属性值相同。

(2) action：用于指定当单击表单内的“提交”按钮时，该表单被提交到处理程序，处理程序一般是动态网页。

(3) method：用于指定提交表单时发送哪种类型的请求，其属性值可以是 get，也可以是 post。get 请求会将请求参数的名和值转换成字符串，并附加在原 URL 之后，因此，在地址栏等地方可以看到请求的参数。这种请求方式的优点是一目了然，缺点是传输的数据量较小，且这种请求方法不安全，所以一般用于从指定的资源请求数据。post 请求浏览器将提交表单中的字段信息放置在请求体中，这种方法的优点是安全性较高，并且对请求的数据长度没有要求，可以传输较大的数据量。post 请求一般用于向指定的资源提交要被处理的数据。

(4) target：用于指定使用哪种方式打开目标 URL，它的属性值可以是_blank、_parent、_self、_top 中的一个，使用方法与超链接<a>元素的 target 相同。

8.1.2　表单控件<input>

<input>标签用于创建交互式控件，这类控件是基于 Web 表单的，它可以接收用户的数据、信息。<input>可以通过设定它的 type 属性值获得想要的表单控件，它常用的 type 属性有：

- type="text"：单行文本输入框。
- type="password"：密码输入框。
- type="hidden"：隐藏域。
- type="radio"：单选按钮。
- type="checkbox"：复选框。
- type="file"：文件域。
- type="image"：图像域。
- type="submit"：提交按钮。
- type="reset"：重置按钮。
- type="button"：按钮。

【案例实践 8-1】 常用表单控件。

示例代码如下：

```
<form name="form1" action=""   method="post">
   用户名：<input name="username" type="text"><br>
   密码：<input name="pwd" type="password"><br/>
   性别：<input type="radio" name="xb" checked>男<input type="radio" name="xb">女<br>
   兴趣：<input name="xq" type="checkbox">爬山<input name="xq" type="checkbox">游泳
   <input name="xq" type="checkbox">乒乓球<br>
   <input type="reset">
   <input type="submit"><br>
   <input type="hidden">
</form>
```

运行结果如图 8-1 所示。

图 8-1　常用的表单控件

8.1.3　表单控件<label>

<label>标签为<input>元素定义标注。

<label>元素不会向用户呈现任何特殊效果。不过，它可以提高鼠标用户的可用性。如果用户在<label>元素内点击文本，则会触发此控件。也就是说，当用户选择该标签时，浏览器会自动将焦点转到与标签相关的表单控件上。

<label>标签的 for 属性应当与相关元素的 id 属性相同。

【案例实践 8-2】 <lable>标签的使用。

示例代码如下：

```
<p>点击其中一个文本标签选中选项：</p>
```

```
<form name="form1" action=""  method="post">
    <label for="male">Male</label>
    <input type="radio" name="sex" id="male" value="male"><br>
    <label for="female">Female</label>
    <input type="radio" name="sex" id="female" value="female"><br><br>
    <input type="submit" value="提交">
</form>
```

运行效果如图8-2所示。

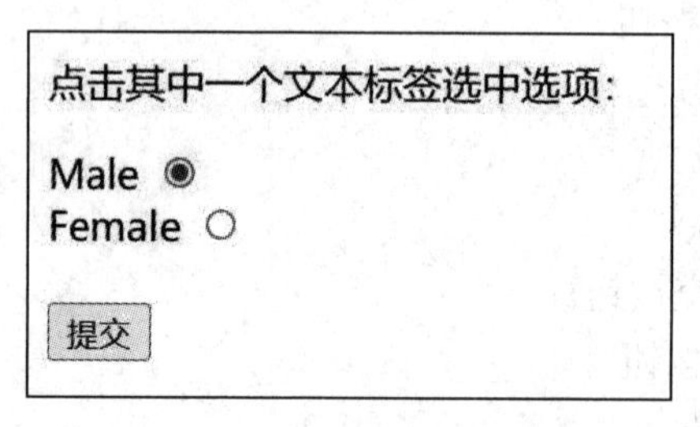

图8-2　label标签的使用

8.1.4　表单控件<select>、<option>和<optgroup>

<select>元素用于创建下拉菜单或者列表框，但必须配合<option>和<optgroup>元素使用。每个<option>代表一个下拉菜单选项或列表项，每个<optgroup>表示一个列表项组，该元素只能有<option>子元素。

【案例实践8-3】 <select>标签的使用。

示例代码如下：

```
<form name="form1" action=""  method="post">
你的出生地？
<select>
<option value="Nanchang">南昌</option>
<option value="Ganzhou">赣州</option>
</select><br/><br/>
你喜欢的体育项目？
<select>
    <optgroup label="球类项目">
        <option value="zuqiu">足球</option>
        <option value="lanqiu">篮球</option>
    </optgroup>
    <optgroup label="竞技项目">
        <option value="tianjin">田径</option>
        <option value="sheji">射击</option>
    </optgroup>
```

```
</select><br/><br/>
</form>
```

运行结果如图 8-3 所示。

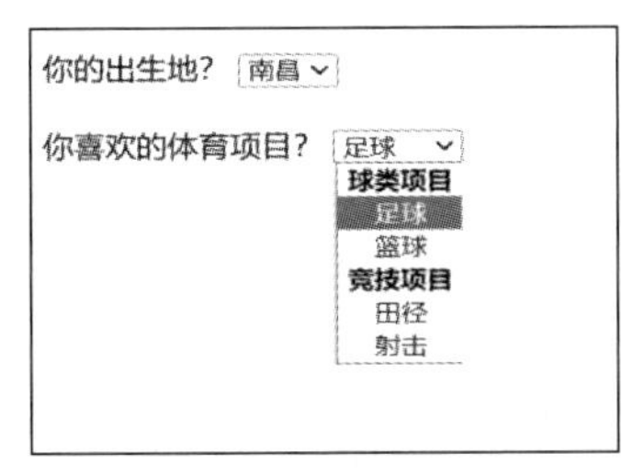

图 8-3　<select>标签的使用

8.1.5　表单控件<button>

<button>标签定义一个按钮。在<button>元素内部，用户可以放置内容，如文本或图像。这是该元素与使用<input>元素创建的按钮之间的不同之处。与<input type="button">的按钮相比，<button>提供了更加丰富的显示内容和视觉效果。<button>中 type 的属性值只能为 button、reset、submit，与<input>的三种按钮正好对应。

【案例实践 8-4】 <button>标签的使用。

示例代码如下：

```
<form name="form1" action="" method="post">
    <button type="submit">提交</button>
    <button type="reset">重置</button>
</form>
```

运行结果如图 8-4 所示。

提交　重置

图 8-4　<button>标签的使用

8.1.6　表单控件<textarea>

<textarea>标签定义一个多行的文本输入控件。文本区域中可容纳无限数量的文本。可以通过 cols 和 rows 属性来规定 textarea 的大小，不过更好的办法是使用 CSS 的 height 和 width 属性。readonly 属性可以设置文本框中内容只读。

【案例实践 8-5】 <textarea>标签的使用。

示例代码如下：

```
<form action="" method="post">
    <textarea cols="50" rows="5"></textarea><br>
    <textarea cols="50" rows="5" readonly="readonly">这个文本框是只读的，不能输入内容
    </textarea><br/>
</form>
```

浏览器预览可以看到页面中第一个多行文本框中内容为空，单击多行文本框可以转入文本“输入测试”，第二个多行文本框内容在代码中已设置，因此在页面中会显示。

运行结果如图 8-5 所示。

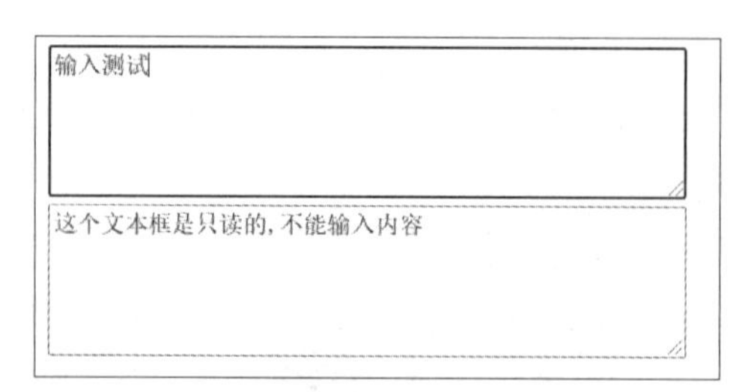

图 8-5 <textarea>标签的使用

任务 8.2 HTML 5 表单新增的元素

HTML 5 不仅为原有表单元素、表单控件元素新增了一些属性，还增加了一些新的元素，这些改动极大地增强了 HTML 表单的功能。下面介绍 HTML 5 对表单所做的改动。

8.2.1 <input>元素新增功能类型

1. color 类型

<input type="color">元素是<input>元素中的一个特定种类，用于创建一个允许用户使用的颜色选择器，或者输入兼容 CSS 语法的颜色代码的区域。当用户在颜色选择器中指定颜色后，该<input>元素的值为该指定颜色的值。

【案例实践 8-6】 color 类型的使用。

示例代码如下：

```
<form name="form1" action="" method="post">
    <input type="color" name="color"  value="#00ff00"/>
    <br/> <input type="submit" />
</form>
```

运行结果如图 8-6 所示。

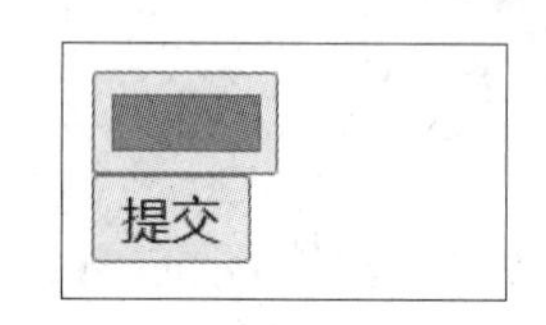

图 8-6 color 类型的使用

2. time 类型

time 类型使<input>元素生成一个时间选择器。它的结果值包括小时和分，但不包括秒数。

【案例实践 8-7】 time 类型的使用。

示例代码如下：

```
<form name="form1" action="" method="post">
    <input type="time" name="t1"  value=""/><br/>
    <input type="submit"/>
</form>
```

预览页面，在显示时间适取器中选择时间。

运行结果如图 8-7 所示。

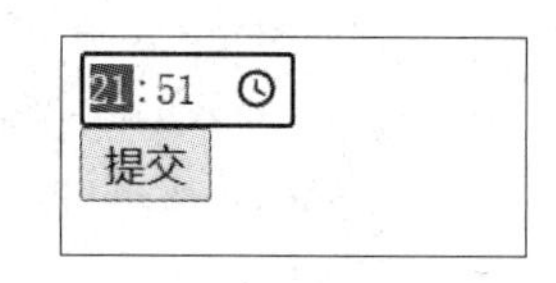

图 8-7 time 类型的使用

3. datetime 类型和 datetime-local 类型

datetime 类型使<input>元素生成一个 UTC 的日期时间选择器，但这种类型支持性不太好，会降级显示为简单的<input type="text">控件。因此，这种类型不常用。

datetime-local 类型使<input>元素生成一个本地化的日期时间选择器，它的结果值包括年份、月份和日期、小时和分，但不包括秒数。相对来说，这种类型的支持性也不会太好，并且不同浏览器在输入方法上存在差异。通常会使用拆分为 date 类型和 time 类型的输入控件。

【案例实践 8-8】 datetime-local 类型的使用。

示例代码如下：

```
<form name="form1" action="" method="post">
    <input type="datetime-local" nane="date" /><br/>
    <input type="submit" />
</form>
```

运行结果如图 8-8 所示。

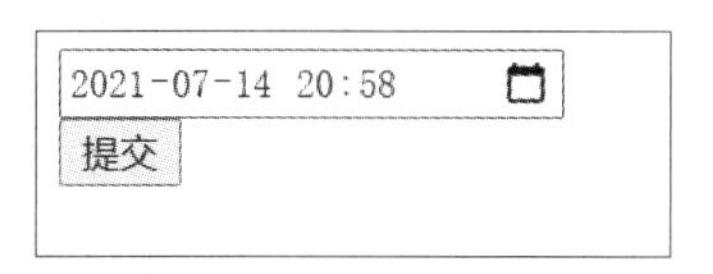

图 8-8　datetime-local 类型的使用

4. month 类型

month 类型可以使<input>元素生成一个月份选择器，它的结果值包括年份和月份，但不包括日期。

【案例实践 8-9】 month 类型的使用。

示例代码如下：

```
<form name="form1" action="" method="post">
    <input type="month" name="mt" /><br/>
    <input type="submit" />
</form>
```

运行结果如图 8-9 所示。

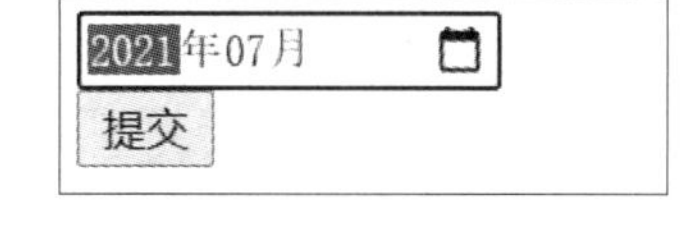

图 8-9　month 类型的使用

5. week 类型

week 类型可以使<input>元素生成一个选择第几周的选择器。它的结果通常显示为 yyyy-www。如 2022-w47，表示 2022 年 47 周。

【案例实践 8-10】 week 类型的使用。

示例代码如下：

```
<form name="form1" action="" method="post">
    <input type="week" name="week"/><br/>
    <input type="submit" />
</form>
```

运行结果如图 8-10 所示。

图 8-10 week 类型的使用

6. number 类型

number 类型生成一个只能输入数字的输入框，浏览器可能会为这个输入框提供步进箭头，使用户可以使用鼠标增加或者减少输入的值。使用 min 和 max 属性指定该字段可以具有的最小值和最大值，还可以使用 step 属性更改步长值(由一个数值到其相邻数值的增量)。

【案例实践 8-11】 number 类型的使用。

示例代码如下：

```
<form name="form1" action="" method="post">
```

```
    <input type="number" name="nb"   max="100"
    min="0" step="10"/><br/>
    <input type="submit" id="" name=""/>
</form>
```

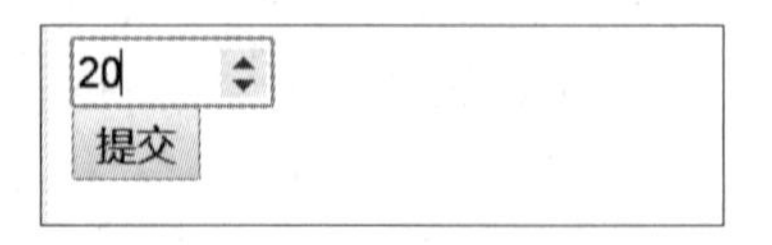

图 8-11 number 类型的使用

运行结果如图 8-11 所示。

7. email 类型

email 类型会生成一个 E-mail 输入框，用户可以在这个输入框中输入一个 E-mail 地址。但是，如果指定了 multiple 属性，用户可以输入多个 E-mail 地址，每个 E-mail 之间需要用英文逗号隔开。这个输入框在提交表单前，会自动验证输入值是否为一个或者多个合法的 E-mail 地址(非空值且符合 E-mail 的地址格式)。

【案例实践 8-12】 email 类型的使用。

示例代码如下：

```
<form name="form1" action="" method="post">
    <input type="email" name="el"   multiple="multiple"/> <br/>
    <input type="submit" />
</form>
```

浏览器打开页面，输入“123”点击“提交”按钮，运行结果如图 8-12 所示。

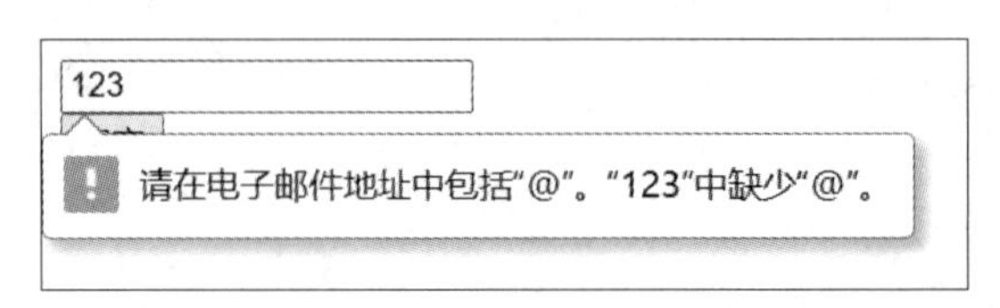

图 8-12 email 类型的使用

8. search 类型

search 类型会生成一个专门用于输入搜索关键字的文本框。目前，浏览器对该类型的处理与简单的<input type="text">控件相同，在使用上没有特别大的差别。但是，在移动浏览器上，某些浏览器厂商可能会选择搜索键盘。

【案例实践 8-13】 search 类型的使用。

示例代码如下：

```
<form name="form1" action="" method="post">
    <input type="search"/>
    <input type="submit"   />
</form>
```

在手机上浏览此页面点击输入框后，可以很清楚地看到，在弹出的键盘右下角是“搜索”，如图 8-13 所示。

图 8-13 search 类型的使用

9. range 类型

range 类型生成一个拖动条，用户可以通过拖动条输入指定范围、指定步长的值。使用

min 和 max 属性可以指定该字段可以具有的最小值和最大值，使用 step 属性可以更改步长值。

【案例实践 8-14】 range 类型的使用。

示例代码如下：

```
<form name="form1" action="" method="post">
    <input type="range" name="range"   min="0" max="50" step="5"/> <br/>
    <p>关于 range 类型的 input，有时还会和 list 属性搭配使用。</p>
    <input type="range" list="marks">
    <datalist id="marks">
    <option value="0"/>
    <option value="10"/>
    <option value="20"/>
    <option value="30"/>
    <option value="40"/>
    <option value="50"/>
    </datalist><br /><input type="submit" />
</form>
```

运行结果如图 8-14 所示。

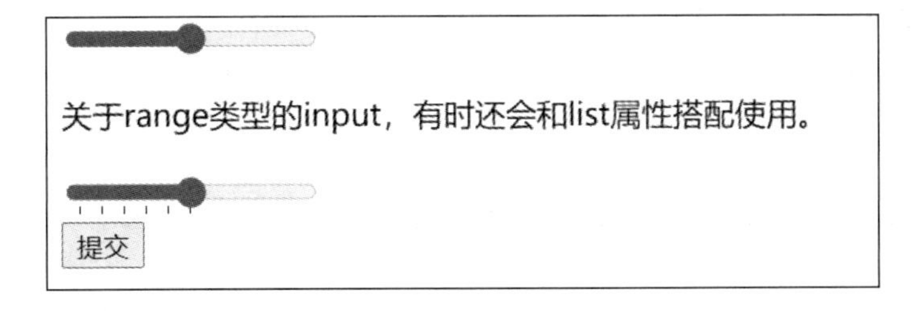

图 8-14　range 类型的使用

10. tel 类型

tel 类型会生成一个只能输入电话号码的文本框。因为世界各地的电话号码格式差别很大，所以浏览器一般不会对该字段进行过多的检查。其使用和简单的<input type="text">控件没有太大的差别。但是，在移动浏览器上，某些浏览器厂商可能会选择提供为输入电话号码而优化的自定义键盘。

【案例实践 8-15】 tel 类型的使用。

示例代码如下：

```
<form name="form1" action="" method="post">
    <input type="tel" name="tp">
</form>
```

在手机浏览器点击输入框后，可以很清楚地看到，弹出的是数字键盘，如图 8-15 所示。

图 8-15　tel 类型的使用

11. url 类型

url 类型会生成一个 url 输入框，浏览器在提交表单前会自动检查用户输入的内容，如果不符合 url 格式，则会阻止提交并且提示用户。

【案例实践 8-16】 url 类型的使用。

示例代码如下：

```
<form name="form1" action="" method="post">
    <input type="url" name="adress">
    <input type="submit"/>
</form>
```

图 8-16 url 类型的使用

使用浏览器打开此网页，在输入框输入“12”点击“提交”，运行结果如图 8-16 所示。

8.2.2 HTML 5 新增的表单控件<output>

<output>标签显示计算或用户操作的结果，该标签是 HTML 5 中的新标签。

【案例实践 8-17】 HTML 5 新增的表单控件<output>。

示例代码如下：

```
<form oninput="x.value=parseInt(a.value)+parseInt(b.value)">0
    <input type="range" id="a" value="50">100
    +<input type="number" id="b" value="50">
    =<output name="x" for="a b"></output>
</form>
<p><strong>注意:</strong> Internet Explorer 不支持 output 标签。</p>
```

运行结果如图 8-17 所示。

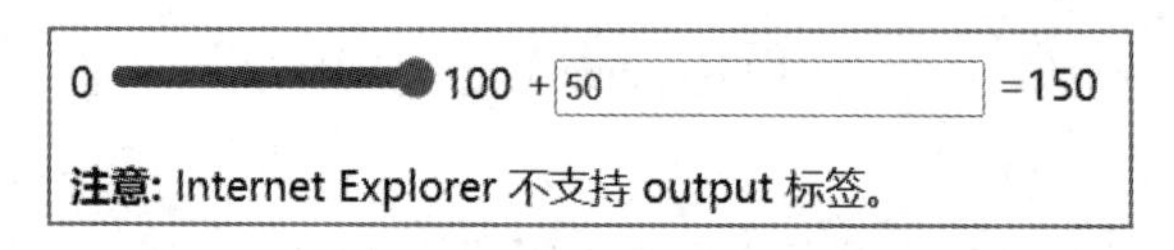

图 8-17 HTML 5 新增的表单控件<output>

任务 8.3 HTML 5 表单控件新增的属性

HTML 5 为表单控件增加了大量属性，这些属性在很大程度上减轻了 Web 前端工程师的工作量，其中有些属性在以前的 HTML 中需要使用 JavaScript 实现。

8.3.1 form 属性

前面提到过，在 HTML 5 之前的规范中，所有的表单控件都必须放在<form>元素内部，表明该元素控件属于该表单，否则相应的参数可能会无法提交到服务器。HTML 5 为表单控件增加了 form 属性，用于表明该表单控件所属的表单，该属性的值是其所属表单的 id。

这个属性可以使表单控件位于<form>元素之外，从而提高了灵活性。

【案例实践 8-18】 form 属性的使用。

示例代码如下：

```
<form id="login" action=""  method="post">
    <label for="username">用户名：</label><input id="username" type="text" name="username"/>
    </form>
    <label>密码：<input form="login"  type="password"  name="password"/>
    </label><br/>
<input form="login" type="submit"/>
```

此页面中，密码输入框及提交按钮在表单标记<form></form>之外，但指定了 form 属性，同样可运行。运行结果如图 8-18 所示。

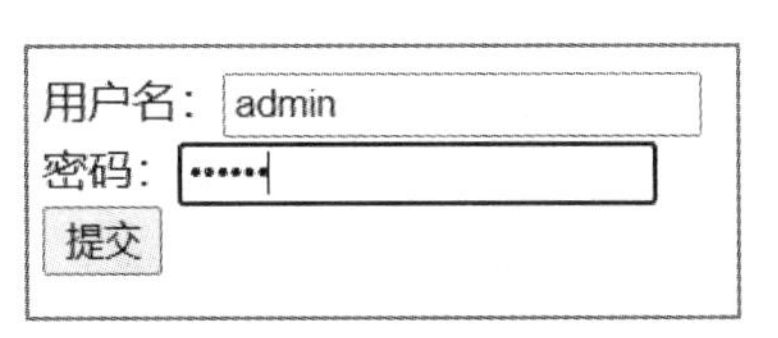

图 8-18　form 属性的使用

8.3.2　formmethod 属性

formmethod 属性的使用场景与 formaction 属性相同，可以实现不同的 submit 类型按钮用不同的 method 提交。该属性的值只能是 get 或者 post。

【案例实践 8-19】 formmethod 属性的使用。

示例代码如下：

```
<form id="login" action="login" method="post">
    <label for="username"></label>
    <input id="username" type="text" name="username" placeholder="请输入用户名"/><br/>
    <label><input type="password" name="password" autofocus="autofocus" placeholder="请输入密
码"/></label><br/>
    <input type="submit" formmethod="get"/>
    <input type="submit" formmethod="post"/>
</form>
```

此页面中，两个“提交”按钮的 formmethod 属性值被指定为不同的值。运行结果如图 8-19 所示。当单击第一个“提交”按钮提交时，浏览器地址栏会显示表单元素的信息；而当单击第二个“提交”按钮提交时，浏览器地址栏就不会显示表单元素的信息。

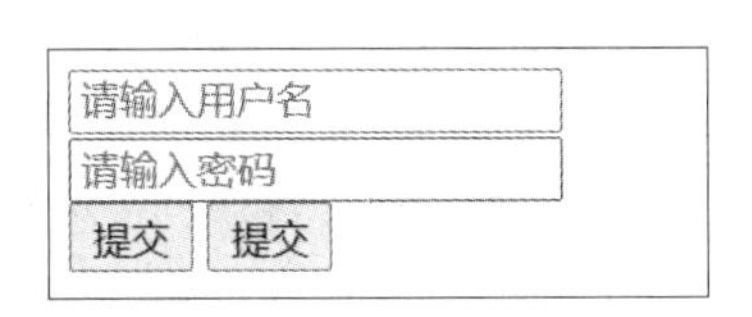

图 8-19　formmethod 属性的使用

8.3.3　formaction 属性

在之前的 HTML 表单中，一个 form 只能有一个 action，对应一个提交按钮。如果遇到一个表单有两个或者两个以上的提交按钮且每个提交按钮需要提交的地址不同时，则需要使用 JavaScript 实现。

以用户登录界面来说，如果用户有账号，单击“提交”按钮表示登录，但用户也可能没有账号，需要单击“提交”按钮表示注册，这样就出现了同一个表单两个 action。这时就需要根据单击的按钮，通过 JavaScript 动态地修改 action 实现想要的功能。

在 HTML 5 中可以针对 submit 类型的按钮，设置 formaction 属性，将内容提交到不同的 action。

【案例实践 8-20】 formaction 属性的使用。

示例代码如下：

```
<form id="login" action="" method="get">
    <label for="username"></label>
    <input id="username" type="text"
    name="username" placeholder="请输入用户名"/><br/>
    <label><input type="password" name="password" autofocus= "autofocus" placeholder="请输入
密码"/></label><br/>
    <input type="submit" formaction="login.php"/>
    <button type="submit" formaction="regist.php">注册
    </button><br/>
</form>
```

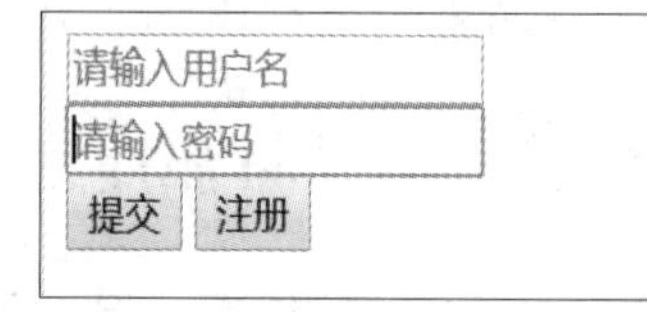

图 8-20 formaction 属性的使用

运行结果如图 8-20 所示。

输入用户名“admin”、密码“123456”，单击“提交”和“注册”按钮，获得的参数分别为 login.php?username = admin&password = 123456 和 regist.php?usermame = admin&password = 123456，这样就实现了不同 submit 类型的按钮对应不同的 action。

8.3.4 formenctype 属性

formenctype 属性的使用场景与 formaction 属性相同，可以实现不同的 submit 类型按钮用不同的 enctype 提交，使用方法与 formaction 相同。

【案例实践 8-21】 formenctype 属性的使用。

示例代码如下：

```
<form action="" method="post">
    <input type="text" name="username" placeholder="请输入用户名"/><br/>
    <input type="password" name="password" placeholder="请输入密码"/><br/>
    <button type="submit">提交</button>
    <button type="submit" formenctype="multipart/form-data">以 Multipart/form-data 类型提交
    </button>
</form>
```

运行结果如图 8-21 所示。

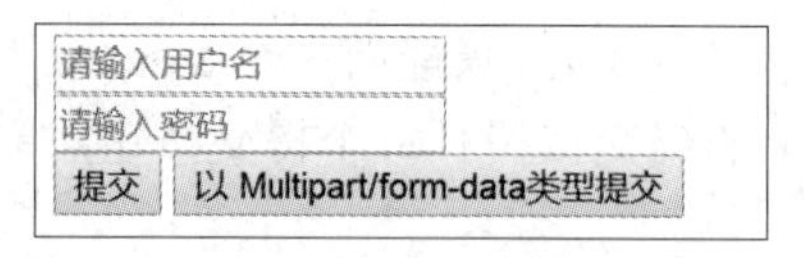

图 8-21 formenctype 属性的使用

8.3.5　formtarget 属性

formtarget 属性可以实现不同的 submit 类型按钮用不同的 target 提交，使用方法与 formaction 相同。

【案例实践 8-22】 formtarget 属性的使用。

示例代码如下：

```
<form action="" method="post">
    <input type="text" name="username" placeholder="请输入用户名"/><br/>
    <input type=" password " name="password" placeholder="请输入密码"/><br/>
    <button type="submit">提交</button>
    <button type="submit" formtarget="blank">提交到新窗口</button>
</form>
```

运行结果如图 8-22 所示。

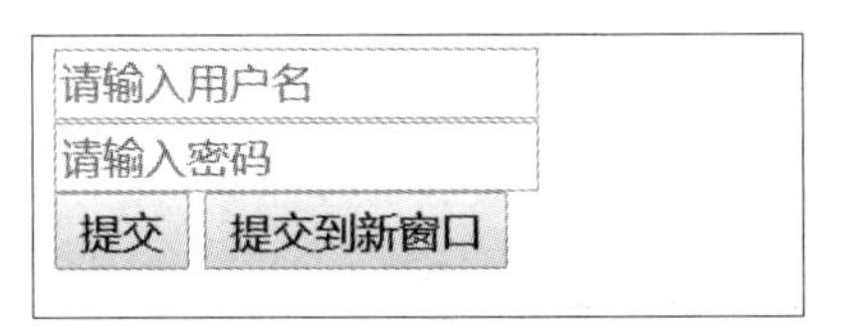

图 8-22　formtarget 属性的使用

8.3.6　placeholder 属性

placeholder 属性规定可描述输入字段预期值的简短的提示信息，该提示会在用户输入值之前显示在输入字段中。在 HTML 5 之前，该效果只能用 JavaScript 实现。placeholder 属性适用的 input 类型有 text、search、url、tel、email 和 password。

【案例实践 8-23】 实现用户输入提示。

示例代码如下：

```
<form id="login" action="" method="get">
    <label   for="username"></label><input   id="username"   type="text"   name="username"
placeholder="请输入用户名"/><br/>
    <label><input   type="password"   name="password"   autofocus   placeholder="请输入密码
"/></label><br/>
  <input  type="submit"/> </form>
```

运行结果如图 8-23 所示。

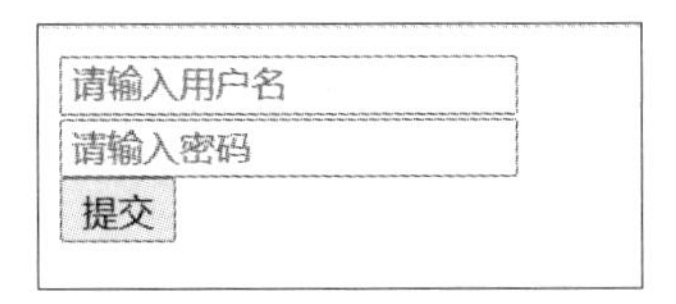

图 8-23　实现用户输入提示

8.3.7 autocomplete 属性

autocomplete 属性规定输入字段是否应该启用自动完成功能。

自动完成允许浏览器预测对字段的输入。当用户在字段开始输入时，浏览器基于之前输入过的值，应该显示出在字段中填写的选项。

autocomplete 属性适用的<input>类型有 text、search、url、tel、email、password、range 和 color。

【案例实践 8-24】 autocomplete 属性的使用。

示例代码如下：

```
<form action="" method="post">
    <input type="text" name="username" placeholder="请输入用户名"/>
    <input type=" password " name="password" placeholder="请输入密码"
            autocomplete="off"/>
    <button type="submit">提交</button>
</form>
```

运行结果如图 8-24 所示。

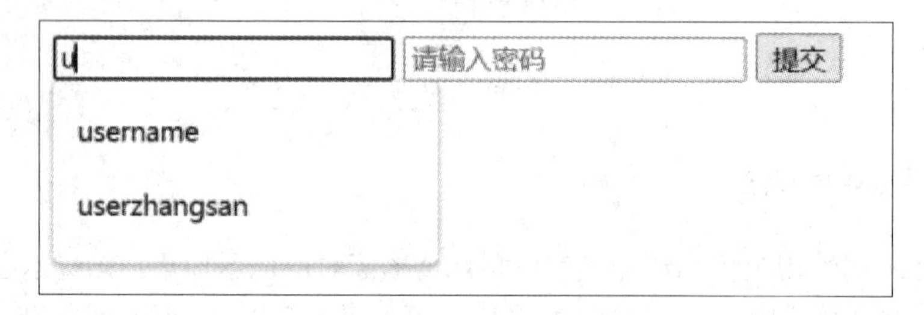

图 8-24 autocomplete 属性的使用

8.3.8 autofocus 属性

autofocus 属性规定当页面加载时<input>元素应该自动获得焦点。它的属性值只能为 autofocus。

【案例实践 8-25】 autofocus 属性的使用。

示例代码如下：

```
<form id="login" action="" method="get">
    <label for="username">用户名：</label>
        <input id="username" type="text" name="username"/>
</form>
    <label>密码：<input form="login" type="password" name="password" autofocus="autofocus"/>
</label><br/>
<input form="login" type="submit"/>
```

运行结果如图 8-25 所示，密码输入框获得焦点。

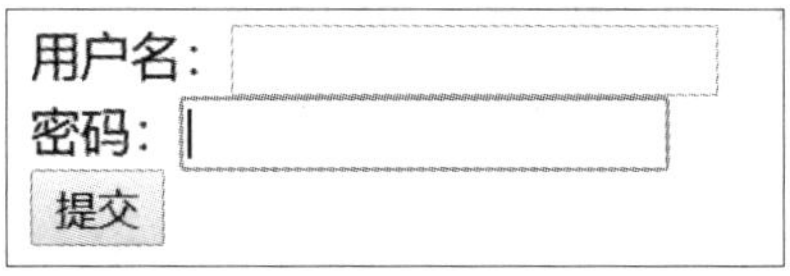

图 8-25　autofocus 属性的使用

8.3.9　required 属性

required 属性规定必须在提交表单之前填写该字段。

required 属性适用的 input 类型有 text、search、url、tel、email、password、number、checkbox、radio 等，其属性值只能为 required。

【案例实践 8-26】 required 属性的使用。

示例代码如下：

```
<form action="" method="post">
    <input typo="text" name="username" placeholder="请输入用户名" required="required"/><br/>
    <input type="password" name="password" placeholder="请输入密码" required="required"/><br/>
    <input type="submit"/>
</form>
```

运行结果如图 8-26 所示，没有输入直接单击“提交”，会提示“请填写此字段”，表单不会提交。

图 8-26　required 属性的使用

项 目 小 结

本项目主要介绍了 HTML 5 表单以及表单控件相关的元素和属性；同时，重点介绍了 HTML 5 新增的 input 类型、属性以及浏览器校验方面的知识。通过本项目的学习，读者能够设计出用户交互的界面，但要真正实现功能，如用户注册功能，需要将用户填写的注册信息提交到服务器保存起来，还需要学习表单处理程序的编写、php 和 jsp 等内容。

项 目 习 题

一、选择题

1. 在 HTML 中，(　　)标签用于在网页中创建表单。

A. <input> B. <select> C. <table> D. <form>

2. 增加表单的密码域的 HTML 代码是( )。

A. <input href = "submit"> B. <input name = "password">

C. <input alink = "radio"> D. <input type = "password">

3. 提交表单的 HTML 代码是( )。

A. <input type = "submit"> </input>

B. <textarea name = "textarea"></textarea>

C. <select option></select>

D. <input type = "checkbox"></input>

4. 有如下一段代码<input type = "text" name = "txt">，请问它的功能是( )。

A. 创建一个文本框 B. 创建一个密码框

C. 创建一个文本域 D. 创建一个按钮

5. HTML 代码<select name = "name"></select>表示( )。

A. 创建表格 B. 创建一个滚动菜单

C. 设置每个表单项的内容 D. 创建一个下拉菜单

6. 对于<form action=URL method=*>标签，其中*代表 get 或( )。

A. set B. put C. post D. input

7. HTML 中表单的 reset 表示( )。

A. 重置 B. 提交 C. 单选 D. 复选

8. 在网页中通常采用( )完成性别的输入。

A. 复选框 B. 文本框 C. 密码框 D. 单选按钮

二、项目实训

1. 实训目的：

(1) 熟练掌握常用表单控件的使用。

(2) 掌握使用 CSS 样式表美化表单控件。

2. 实训内容：

(1) 创建如图 8-27 所示的会员注册表单界面(将页面命名为 reg.htm)。

8-27 会员注册表单界面

(2) 表单控件设置要求：① 用户名、密码设置必填，文本输入框设置输入提示文字；

② 性别默认选中“男”；③ 教育程度的下拉选项有“高中、中专、大专、本科、其它”，默认值是“大专”。

(3) 表单界面样式要求：① 定义表单的样式，宽度占 80%，间隔 20 px，居中对齐；② 定义文本框、下拉框、按钮的样式，宽度占 60%，圆角边框，高度 30 px。

参考代码如下：

样式设置：

```
<style>
    .container{ /*定义表单的样式，宽度占 80%，间隔 20px,居中对齐*/
        width: 80%;
        margin: 20px auto;      }
    .common{/*定义表单控件的样式，宽度占 60%，圆角边框,高度 30px*/
        width:60%;
        border-radius:5px;
        height: 30px;      }
    span{
        display:inline-block;
        width:30%;
        text-align: right;      }
    div{
        margin-bottom: 10px;      }
</style>
```

内容代码：

```
<body>
    <form class="container" action="" method="post">
        <fieldset><legend>会员注册</legend>
        <div>
            <span>用户名：</span>
            <input type="text" class="common" required placeholder="请输入用户名"/></div>
        <div>
            <span>密码：</span>
            <input type="password" class="common" required placeholder="请输入密码"/></div>
        <div>
            <span>性别：</span>
            <input type="radio" id="male" checked name="sex"/>
            <input type="radio" id="female" name="sex"/> <label for="male">男</label>
            <label for="female">女</label></div>
        <div>
            <span>教育程度：</span>
```

```
            <select class="common"/>
            <option >高中</option>
            <option >中专</option>
            <option selected="selected" >大专</option>
            <option >本科</option>
            <option>其它</option>
            </select></div>
        <div>
            <span>兴趣爱好：</span>
            <input type="checkbox" id="football" name="hobby"/>
            <label for="football">踢足球</label>
            <input type="checkbox" id="basketball" name="hobby"/>
            <label for="basketball">打篮球</label>
            <input type="checkbox" id="film" name="hobby" />
            <label for="film">看电影</label></div>
        <div>
            <span>描述自己的特点：</span>
            <textarea    class = "common"></textarea></div>
        <div><span></span>
        <input type="submit" class="common" value="提交"/></div>
        </fieldset>
    </form>
</body>
```

项目 9　CSS 3 新增选择器

学习目标

- 掌握兄弟选择器
- 掌握 CSS 3 中新增属性选择器
- 掌握新增伪类选择器
- 掌握新增伪元素选择器

任务 9.1　兄弟选择器

兄弟选择器用于选择与某元素位于同一个父元素中，且位于该元素之后的兄弟元素。兄弟选择器包括相邻兄弟选择器和普通兄弟选择器两种。相邻兄弟选择器是 CSS 2 中的选择器，普通兄弟选择器是 CSS 3 中的新增选择器。

9.1.1　相邻兄弟选择器

相邻兄弟选择器使用加号“+”来链接前后两个选择器。选择器中的两个元素有同一个父元素，且第二个元素紧跟第一个元素。

下面通过一个案例对相邻兄弟选择器进行演示。

【案例实践 9-1】 对相邻兄弟选择器应用。

示例代码如下：

CSS 样式部分

```
<style type="text/css">
    body{
        text-align: center;
    }
    p{
        font-family: "华文中宋";
        font-size: 24px;
    }
    h3+p{
        color: blue;
    }
</style>
```

Body 部分：

```
<body>
    <h2>山中</h2>
    <h3>唐・王勃</h3>
    <p>长江悲已滞，</p>
    <p>万里念将归。</p>
    <p>况属高风晚，</p>
    <p>山山黄叶飞。</p>
</body>
```

运行结果如图 9-1 所示。

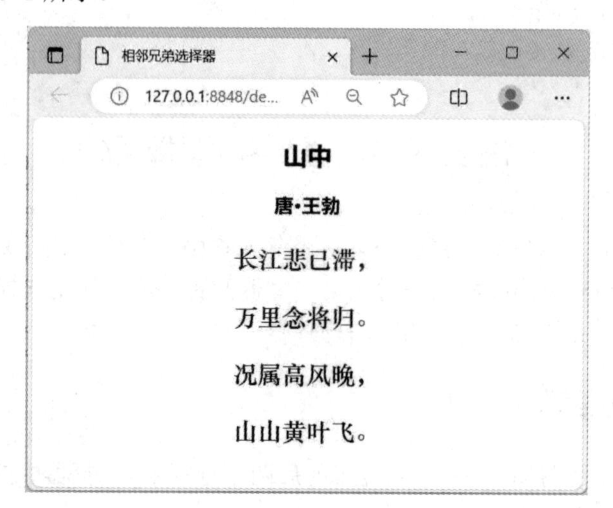

图 9-1 相邻兄弟选择器

在此案例中，h3 元素和它下方的第一个 p 元素都属于父容器 body，且两个元素相邻，所以设置的兄弟选择器有效，第一个 p 元素中的文字，字体变为蓝色。

9.1.2 普通兄弟选择器

普通兄弟选择器使用“～”来链接前后两个选择器。选择器中的两个元素同属于一个父元素，但两个元素不一定相邻。

【案例实践 9-2】 普通兄弟选择器的应用。

示例代码如下：

CSS 样式部分：

```
<style type="text/css">
    body{
        text-align: center;
    }
    h1~p {
        color: red;
```

```
        }
        div p{font-size: 14px;}
    </style>
```

Body 部分：

```
    <body>
        <h1>竹里馆</h1>
        <h2>唐 • 王维</h2>
        <p>独坐幽篁里，</p>
        <p>弹琴复长啸。</p>
        <p>深林人不知，</p>
        <p>明月来相照。</p>
        <div>
            <p>注释：描绘了诗人月下独坐、弹琴长啸的悠闲生活，表现了清幽宁静、高雅绝俗的境界。</p>
        </div>
    </body>
```

运行结果如图 9-2 所示。

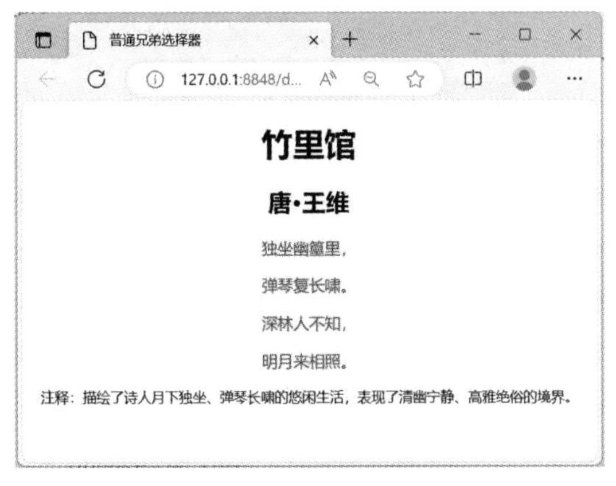

图 9-2　普通兄弟选择器

任务 9.2　CSS 3 中新增属性选择器

CSS 3 新增了三种属性选择器，如表 9-1 所示。

表 9-1　CSS 3 新增属性选择器

属性选择器	含　义
E[att^ = value]属性选择器	属性值的前缀是 value
E[att$ = value]属性选择器	属性值的结尾是 value
E[att* = value]属性选择器	属性值中包含 value

【案例实践 9-3】 匹配属性值的前缀和结尾。

示例代码如下：

CSS 样式部分：

```
<style type="text/css">
    p{font-size: 32px;
    font-family: "微软雅黑";}
    p[class^="change"]{color: blue;}
    p[class$="change"]{color: red;}
    </style>
</head>
```

Body 部分：

```
<body>
    <p class="change_t">属性值的前缀为 change，我变蓝色</p>
    <p class="b_change">属性值的结尾为 change，我变红色</p>
</body>
```

运行结果如图 9-3 所示。

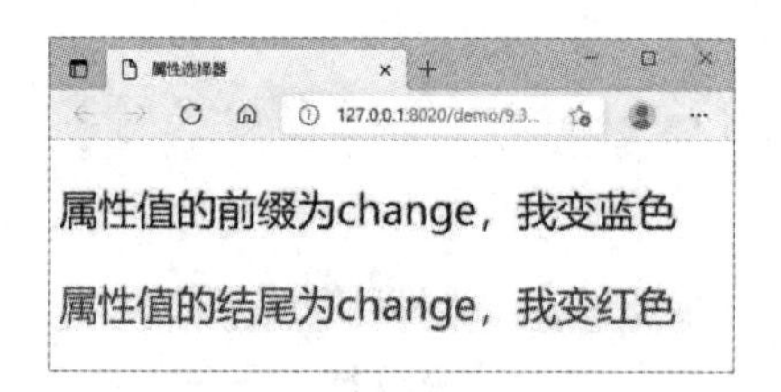

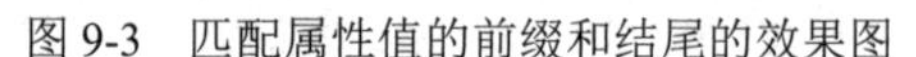
图 9-3 匹配属性值的前缀和结尾的效果图

【案例实践 9-4】 属性选择器。

示例代码如下：

CSS 样式部分

```
<style type="text/css">
    p{font-size: 32px;
    font-family: "微软雅黑";}
    p[class*="change"]{color: pink;}

</style>
```

Body 部分

```
<body>
    <p class="change_t">属性值的前缀为 change，我变色</p>
    <p class="b_change">属性值的结尾为 change，我变色</p>
    <p class="01_change_w">属性值中包含 change，我变色</p>
</body>
```

运行结果如图 9-4 所示。

图 9-4　属性选择器效果图

从运行结果中，可以看到 3 段文字都改变了颜色。

任务 9.3　新增伪类选择器

CSS 3 新增伪类选择器有：:root 选择器、:first-child 选择器、:last-child 选择器、:nth-child(n)选择器、:only-child 选择器、:first-of-type 选择器、:last-of-type 选择器、:nth-of-type(n)选择器、:nth-last-of-type(n)选择器、:only-of-type 选择器、:empty 选择器。本任务将详细的讲解这些选择器。

1. :root 选择器和:empty 选择器

- :root 选择器的含义为文档的根元素设置样式，在 HTML 中根元素始终是 HTML 元素。
- :empty 选择器的含义为没有子元素或文本内容为空的所有元素设置样式。

下面通过一个案例来演示它们的用法。

【案例实践 9-5】 :root 选择器和 :empty 选择器的应用。

示例代码如下：

CSS 样式部分：

```
<style type="text/css">
    :root{background-color:papayawhip;}
    body{
        text-align: center;
    }
    p:empty{
      width: 300px;
      height: 30px;
        background-color:darkgreen;
        margin: 0 auto;
    }
</style>
```

Body 部分：

```
<body>
    <h2>望月怀古</h2>
    <h5>张九龄</h5>
    <p>海上生明月，</p>
    <p>天涯共此时。</p>
    <p></p>
    <p>情人怨遥夜，</p>
    <p>竟夕起相思。</p>
</body>
```

运行结果如图 9-5 所示。

图 9-5　:root 选择器和:empty 选择器

2. :only-of-type 选择器

only-of-type 选择器的含义是为父元素中特定类型的唯一子元素设置样式，即为父元素中的某个类型的元素设定样式，如 p 元素或 li 元素，而且这个元素是父元素中的唯一一个元素。

下面通过一个案例来演示它的用法。

【案例实践 9-6】 only-of-type 选择器的应用。

示例代码如下：

CSS 部分：

```
<style>
    p:only-of-type
    {
        color:#ff0000;
    }
</style>
```

Body 部分：

```
<body>
    <div><p>我是 div 父容器中的唯一子元素</p></div>
```

```
    <div>
        <p>我是 div 中的第一个子元素</p>
        <p>我是 div 中的第二个子元素</p>
    </div>
</body>
```

运行结果如图 9-6 所示。

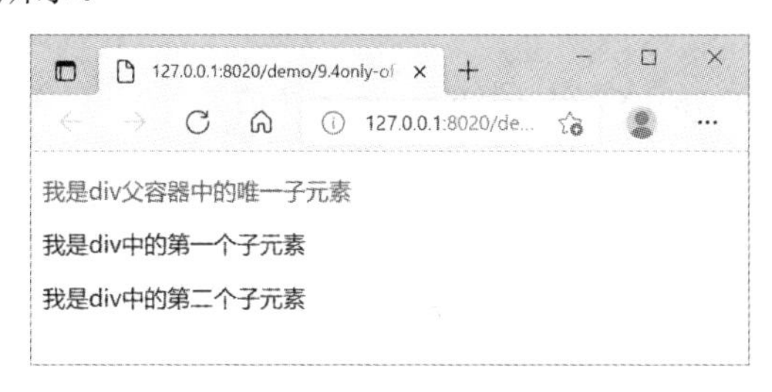

图 9-6　only-of-type 选择器

3. 伪类选择器

伪类选择器的含义如表 9-2 所示。

表 9-2　伪类选择器的含义

伪 类 名	含　　义
:first-child	用于为父元素中的第一个子元素设置样式
:last-child	用于为父元素中的最后一个子元素设置样式
:nth-child(n)	为父元素中的第 n 个子元素设置样式
:only-child	为某父元素的唯一子元素设置样式
:first-of-type	为某父元素的特定类型的第一个子元素设置样式
:last-of-type	为某父元素的特定类型的最后一个子元素设置样式
:nth-of-type(n)	为某父元素的特定类型的第 n 个子元素设置样式
:nth-last-of-type(n)	为某父元素的特定类型的倒数第 n 个子元素设置样式

【案例实践 9-7】 伪类选择器的应用。

示例代码如下:

CSS 部分：

```
<style type="text/css">
        h1:only-child{/*父容器中只有 h1 元素时应用样式*/
            color: red;
        }
        p:first-child{/*父容器中的第一个 p 元素应用样式*/
            color: green;
        }
        p:last-child{/*父容器中的最后一个 p 元素应用样式*/
        color: aqua;
```

```
        }
        p:nth-child(3){ /*父容器中的第三个 p 元素应用样式*/
            color: orangered;
        }
        p:nth-last-child(4){ /*父容器中倒数第四个 p 元素应用样式*/
            color: brown;
        }
        li:first-of-type{/*父容器中 li 类型元素中的第一个应用样式*/
            font-style: italic;
        }
        li:last-of-type{/*父容器中 li 类型元素中的最后一个应用样式*/
            font-weight: 800;
        }
        li:nth-of-type(2){ /*父容器中 li 类型元素中的第二个应用样式*/
            font-size: 9px;
        }
        li:nth-last-of-type(2){/*父容器中 li 类型元素中的倒数第二个应用样式*/
            color: blue;
        }

    </style>
```

Body 部分：

```
<body>
    <div>
        <h1>卜算子・咏梅</h1>
    </div>
    <h3>毛泽东</h3>
    <div>
        <p>风雨送春归，</p>
        <p>飞雪迎春到。</p>
        <p>已是悬崖百丈冰<sup>①</sup>，
        <p>犹<sup>②</sup>有花枝俏<sup>③</sup>。</p>
        <p>俏也不争春，</p>
        <p>只把春来报。</p>
        <p>待到山花烂漫<sup>④</sup>时，</p>
        <p>她在丛中笑<sup>⑤</sup>。</p>
    </div>
    <h5>注释</h5>
    <ul>
```

```
        <li>百丈冰：形容极度寒冷。</li>
        <li>犹：还，仍然。</li>
        <li>俏：俊俏，美好的样子。</li>
        <li>烂漫：颜色鲜明而美丽。</li>
        <li>丛中笑：百花盛开时，感到欣慰和高兴。</li>
    </ul>
    <div>
    <b>译文：风风雨雨把春送走了，漫天飞雪又把春迎到，<br>在那悬崖峭壁冻结了百丈冰柱的严寒下仍然有梅的花枝绽放着俊俏、艳丽的梅花，傲迎风雪。<br>梅花虽然俏丽艳放，却不同谁争奇春日的光辉，只是把春的信息向群芳预报。<br>等到满山遍野都开满了色彩绚丽的鲜花，梅花在群芳花丛中微笑。
    </b>
    </div>
</body>
```

运行结果如图 9-7 所示。

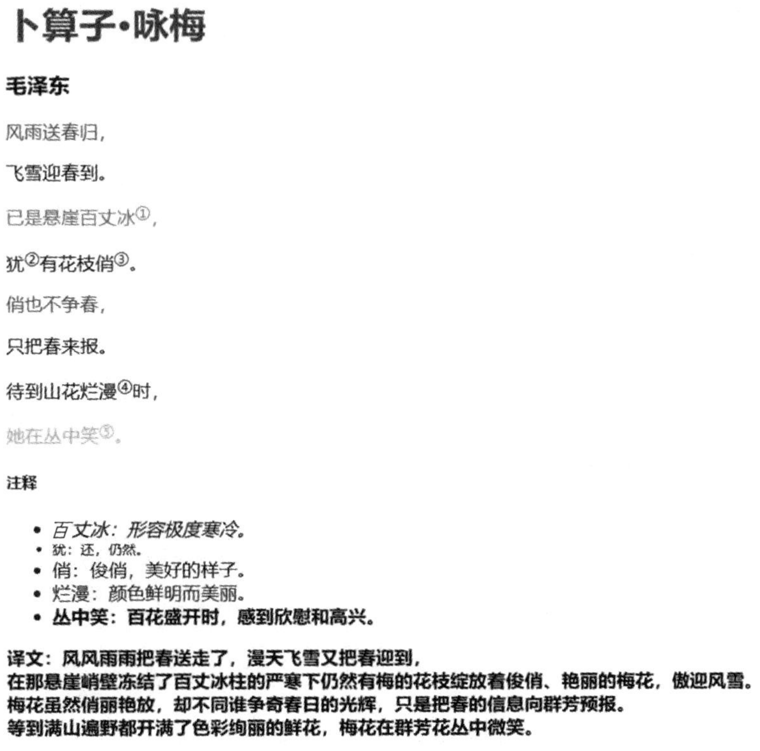

卜算子·咏梅

毛泽东

风雨送春归，

飞雪迎春到。

已是悬崖百丈冰①，

犹②有花枝俏③。

俏也不争春，

只把春来报。

待到山花烂漫④时，

她在丛中笑⑤。

注释

- 百丈冰：形容极度寒冷。
- 犹：还，仍然。
- 俏：俊俏，美好的样子。
- 烂漫：颜色鲜明而美丽。
- 丛中笑：百花盛开时，感到欣慰和高兴。

译文：风风雨雨把春送走了，漫天飞雪又把春迎到，
在那悬崖峭壁冻结了百丈冰柱的严寒下仍然有梅的花枝绽放着俊俏、艳丽的梅花，傲迎风雪。
梅花虽然俏丽艳放，却不同谁争奇春日的光辉，只是把春的信息向群芳预报。
等到满山遍野都开满了色彩绚丽的鲜花，梅花在群芳花丛中微笑。

图 9-7　伪类选择器

课堂思政

古代把梅花作为士子精神的象征，纯洁、有骨气。但也会给人一种凄美，孤独的感觉。

毛主席这首《卜算子・咏梅》中的梅花却充满力量，充满热情，寄托了共产党人英勇无畏的精神和革命乐观主义精神。

中国诗词博大精深，蕴含了丰富的哲学思想，价值观念、科学智慧，每次诵读都会给我们以启迪，都会升华我们的心灵。

任务 9.4 新增伪元素选择器

伪元素是指该元素不是 HTML 中的真正元素，它们都是通过样式来表达元素的效果，需要和 content 属性结合使用。

CSS 3 新增伪元素选择器有 :before 选择器、:after 选择器、:enabled 选择器、:disabled 选择器、:checked 选择器、:not(selection)选择器、:target 选择器等。

1. :before 选择器

:before 伪元素选择器用于在被选元素的前面插入内容，需配合 content 属性来指定要插入的内容。语法格式如下：

```
<元素>:before
{
    content:文字/url();
}
```

在语法中，被选元素位于“:before”之前，“{}”中的 content 属性用来指定要插入的具体内容，该内容既可以为文本也可以为图片。

【案例实践 9-8】 :before 选择器的应用。

示例代码如下：

CSS 部分：

```
<style type="text/css">
p:before{
    content: url(img/bton.GIF);
}


</style>
```

Body 部分：

```
<body>
<h2>标题</h2>
<p>我是第一段</p>
    <p>我是第二段</p>
    <p>我是第三段</p>
</body>
```

运行结果如图 9-8 所示。

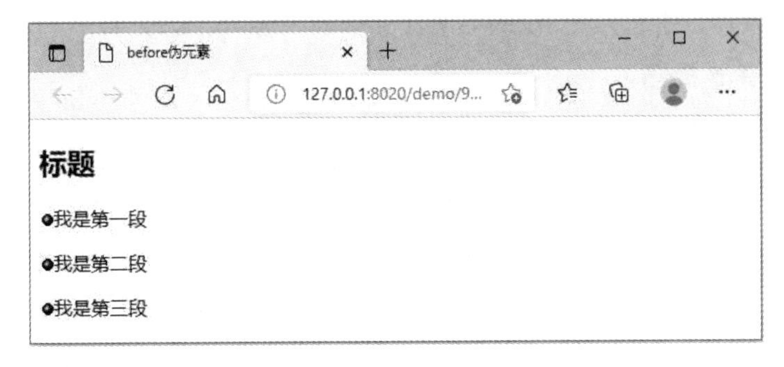

图 9-8　:before 选择器

从运行的结果中可以看到每段的前面都加了小图片。

2. :after 选择器

:after 伪元素选择器用于在某个元素之后插入一些内容。语法格式如下：

```
<元素>:after
{
    content:文字/url();
}
```

【案例实践 9-9】 :after 选择器的应用。

示例代码如下：

CSS 部分：

```
<style>
    h1:after{
    content: "生态文明";
    font-style: italic;
    font-size: 20px;
    color: green;
}
```

Body 部分：

```
</style>
<body>
    <h1>主题</h1>
</body>
```

运行结果如图 9-9 所示。

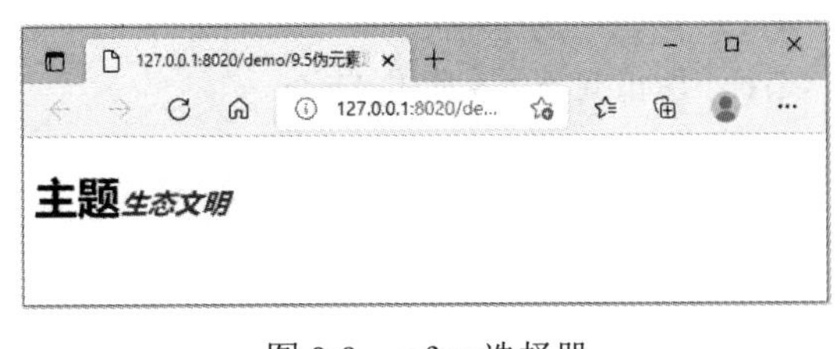

图 9-9　:after 选择器

根据运行结果可以看出，在 h1 的后面添加了新内容“生态文明”。

3. 其他伪元素选择器。

伪元素选择器的含义如表 9-3 所示。

表 9-3 伪元素选择器含义

选择器	含　义
:enabled	为可用状态的元素添加样式
:disabled	为不可用状态的元素添加样式
:checked	为选中状态的元素添加样式
:not(selection)	为不是 selection 元素的元素添加样式
:target	为访问的瞄点目标元素添加样式

下面通过一个案例来演示它们的用法。

【案例实践 9-10】 伪元素选择器的应用。

示例代码如下：

CSS 部分：

```
    <style type="text/css">
        a{
            color: black;
        }
            :target{
            color: blue;
        }
        :enabled{    /*元素可用时应用样式*/
            font-family: "微软雅黑";
            font-size: 30px;
        }
        :disabled{   /*元素不可用时应用样式*/
            font-family: "隶书";

        }
        :checked{
            outline: aqua dashed 3px;
        }
        p:not(.p1){    /*类名不为 p1 的 p 元素应用样式*/
            color: red;
        }
</style>
```

Body 部分：

```
<body>
    <p><a href="#tit1">跳转至标题 1</a></p>
    <p><a href="#tit2">跳转至标题 2</a></p>
    <h1 id="tit1">标题 1</h1>
    <input type="button" value="可用按钮" />
    <input type="button" value="不可用按钮" disabled="disabled" />
    <br />
    跑步<input type="checkbox" name="check1" value="pb"     checked="checked" />
    游泳<input type="checkbox" name="check2" value="yy" />
    <h1 id="tit2">标题 2</h1>
    <p class="p1">我是一个段落</p>
    <p>我是另一个段落</p>
</body>
```

运行结果如图 9-10 所示。

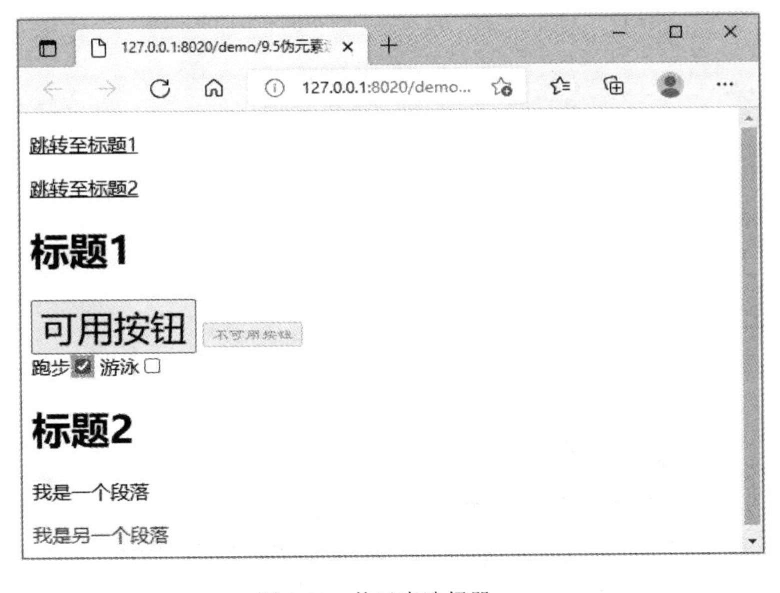

图 9-10　伪元素选择器

根据运行结果可以看出，当单击“跳转至标题 1”超链接时，下文中的标题 1 应用样式，字体变为蓝色字体；同样，当单击“跳转至标题 2”超链接时，下文中的标题 2 应用样式，字体变为蓝色字体；当选中复选框时，复选框会添加轮廓。

项 目 小 结

本项目介绍了兄弟选择器、CSS3 中新增属性选择器、新增伪类选择器、新增伪元素选择器的含义及用法。在实际开发中，这些新增选择器的灵活运用能简化代码的书写。例如，在网页中使用精灵图时，借助伪类选择器，就能很容易实现简化代码的书写。

项 目 习 题

一、选择题

1. 匹配所有<div>元素的第一个 <p> 元素的正确书写为(　　)。

A. div > p:first-child　　B. first-child

C. p: first-child　　D. div:first-child

2. 下面代码使用了(　　)。

```
.welcome h3:before{
        content: ' ';
height: 100%;}
```

A. 属性选择器　　B. 标记选择器　　C. 兄弟选择器　　D. 伪元素选择器

3. 下列代码执行的结果是(　　)。

```
<head>
    <meta charset="UTF-8">
    <title></title>
    <style>
    p:nth-child(2)
    {
        background:#ff0000;
    }
    </style>
</head>
<body>
<h1>这是一个标题</h1>
<p>这是第一个段落。</p>
<p>这是第二个段落。</p>
<p>这是第三个段落。</p>
</body>
```

A. 这是一个标题
这是第一个段落。
这是第二个段落。
这是第三个段落。

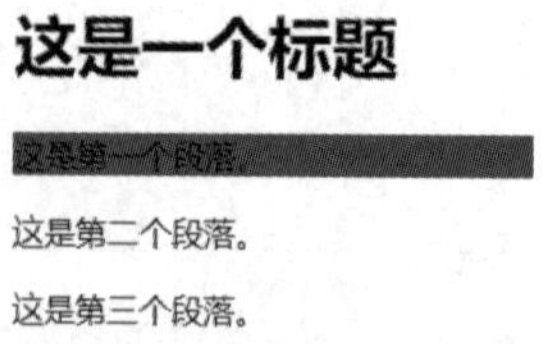

B. 这是一个标题
这是第一个段落。
这是第二个段落。
这是第三个段落。

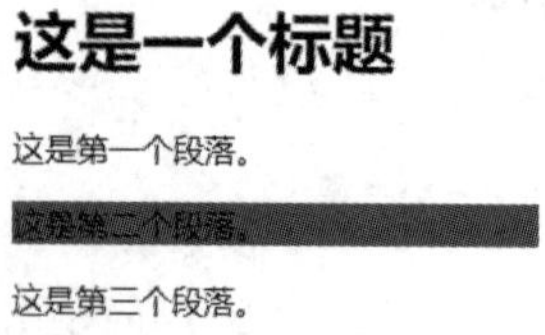

C. 这是一个标题
这是第一个段落。
这是第二个段落。
这是第三个段落。

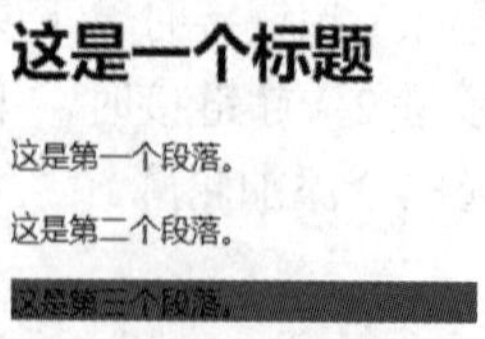

D. 这是一个标题
这是第一个段落。
这是第二个段落。
这是第三个段落。

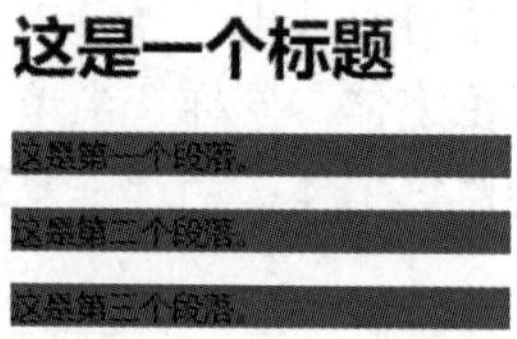

4. :last-of-type 选择器的含义是(　　)。

A. 用于为父元素中的最后一个子元素设置样式

B. 为某父元素的特定类型的最后一个子元素设置样式

C. 为某父元素的特定类型的倒数第 n 个子元素设置样式

D. 为某父元素的唯一子元素设置样式

5. 下列代码中使用了(　　)。

```
.table-responsive + .table {
        margin-bottom: 0;
    }
```

A. 属性选择器　　B. 邻近兄弟选择器　　C. 普通兄弟选择器　　D. 子代选择器

二、项目实训

1. 实训目的：

(1) 熟练掌握页面布局的方法。

(2) 掌握伪类选择器的应用。

2. 实训内容：制作如图 9-11 所示的中华古诗词网页。

中华古诗词

分类|详情

惜时more>>

劝学

唐代 · 颜真卿

三更灯火五更鸡，
正是男儿读书时。
黑发不知勤学早，
白首方悔读书迟。

思乡more>>

九月九日忆山东兄弟

唐代 · 王维

独在异乡为异客，
每逢佳节倍思亲。
遥知兄弟登高处，
遍插茱萸少一人。

图 9-11　中华古诗词网页效果图

参考代码如下：

body 部分：

```
<body>
    <h2>中华古诗词</h2>
    <p><a href="#">分类</a>|<a href="#">详情</a></p>
    <ul>
        <li>
            <p>惜时<span>more&gt;&gt;</span></p>
            <p>劝学</p>
            <p>唐代・颜真卿</p>
            <p>三更灯火五更鸡，<br />正是男儿读书时。<br />黑发不知勤学早，<br />白首方悔读书迟。</p>
        </li>
        <li>
            <p>思乡<span>more&gt;&gt;</p>
            <p>九月九日忆山东兄弟</p>
            <p>唐代・王维</p>
            <p>独在异乡为异客，<br />每逢佳节倍思亲。<br />遥知兄弟登高处，<br />遍插茱萸少一人。</p>
        </li>
    </ul>
</body>
```

CSS 样式部分：

```
<style>
    ul{
        list-style: none;
        margin: 0;
        padding: 0;
    }
    li{
        width: 200px;
        height: 236px;
        border: 1px solid #D3D3D3;
        padding: 20px;
    }
    ul li p:nth-child(1) span{
        color:#cccccc;
        font-size: 10px;
```

```
    }
    ul li p:nth-child(2){
        font-size: 14px;
        color: #00f;
        text-align: center;
        font-weight: bold;
    }
    ul li p:nth-child(3){
        color: #B78403;
        font-size: 12px;
        text-align: center;
    }
</style>
```

项目 10　CSS 3 新增属性

学习目标

- 掌握 CSS 3 新增常用背景属性
- 掌握 CSS 3 新增盒模型属性
- 掌握 CSS 3 新增变形动画属性

课堂思政

认识事物是一个认识—实践—认识的过程。在开发过程中，更好地将理论应用于实践，从而在实践过程中更深入地认识 CSS 3。

CSS 3 使用了层叠样式表技术，可以对网页布局、字体、颜色、背景等效果进行控制。作为 CSS 的进阶版，CSS 3 拆分和增加了盒子模型、列表模块、背景边框、文字特效、多栏布局等。CSS 3 的改变很多，增加了文字特效，丰富了下画线样式，加入了圈重点的功能。在边框方面，CSS 3 有了更多的灵活性，可以更加轻松地操控渐变效果和动态效果等。在文字效果方面，CSS 3 特意增加了投影。CSS 3 在兼容上下了很大的功夫，浏览器也会继续支持 CSS 2，因此原来的代码不需要做太多的改变，实现也会变得更加轻松。

任务 10.1　边　　框

在 CSS2 中，阴影效果一直是开发过程中比较复杂的一个点，往往借助图片的方式实现，而在 CSS3 中提供了添加阴影的属性，实现起来更容易。在 CSS3 中还提供了设置特殊边框的属性，如圆角边框、图片边框等。本任务将详细介绍这些属性。

- border-image：设置图片边框。(注：该属性不支持 IE 浏览器)。
- border-radius：设置图角边框。
- box-shadow：设置盒子阴影。

Internet Explorer 9 + 支持 border-radius 和 box-shadow 属性；Firefox、Chrome 和 Safari 支持所有新的边框属性，但是对于 border-image，Safari 5 以及更老的版本需要前缀-webkit-；Opera 支持 border-radius 和 box-shadow 属性，但是对于 border-image 需要前缀-o-。

1. 图片边框

CSS3 中 border-image 属性允许用户指定要使用的图像，而不是包围普通边框。该属性的属性值如下：

- border-image-source：图片边框的路径。

- border-image-slice：图片边框的偏移。
- border-image-width：图片边框的宽度。
- border-image-outset：图片边框区域超出边框的量。
- border-image-repeat：图片边框是否平铺(repeated)、铺满(rounded)或拉伸(stretched)。

【案例实践 10-1】 通过 border-image 属性，设置图片边框。

示例代码如下：

```
<html>
   <head>
      <style>
      h3{
            width: 30%;
            text-align: center;
      }
      .myimg {
        width: 30%;
        font-size: 26px;
          border: 10px solid transparent;
          padding: 15px;
          border-image: url(border.png) 30 round;
      }
      </style>
   </head>
   <body>
         <h3>图片边框属性：border-image</h3>
         <p class="myimg">除 4 个顶点外，每个边框上的图片重复来填充边框</p>
   </body>
</html>
```

运行结果如图 10-1 所示。

图片边框属性：border-image

除4个顶点外，每个边框上的图片重复来填充边框

图 10-1　图样边框

2. 圆角

在网页制作中，可以为盒子设置圆角边框，使其更加美观。在 CSS 3 中，使用 border-radius 属性就很容易创建圆角边框。

【案例实践 10-2】 通过使用 CSS3 border-radius 属性创建圆角边框。

示例代码如下：

```
<html>
    <head>
        <style>
        .box {
        width: 40%;
        padding: 10px 40px;
        font-size: 22px;
        border:2px solid #a1a1a1;
        border-radius:25px;
        background: #dddddd;
        }
        </style>
    </head>
    <body>
            <div class="box">
            <span>border-radius 属性可以为元素添加圆角边框！</span>
            </div>


    </body>
</html>
```

运行结果如图 10-2 所示。

border-radius属性可以为元素添加圆角边框!

图 10-2　圆角边框

border-radius 除了可以快速设定圆角，同时也可以指定每个圆角。如果在 border-radius 属性中只指定一个值，那么将生成四个圆角。但是，如果要在四个角上分别指定对应数值，则 border-radius 属性实际上是以下属性的简写属性：

- border-top-left-radius 定义了左上角的弧度；
- border-top-right-radius 定义了右上角的弧度；
- border-bottom-right-radius 定义了右下角的弧度；
- border-bottom-left-radius 定义了左下角的弧度。

border- radius 属性有如下规则：

(1) 当 border-radius 指定 4 个数值(如 10 px、15 px、20 px、25 px)时，则第一个值为左上角的圆角值，第二个值为右上角的圆角值，第三个值为右下角的圆角值，第四个值为左下角的圆角值。

(2) 当 border-radius 指定 3 个数值(如 10 px、15 px、20 px)时，则第一个值为左上角的圆角值，第二个值为右上角和左下角的圆角值，第三个值为右下角的圆角值。

(3) 当 border-radius 指定 2 个数值(如 10 px、15 px)时，则第一个值为左上角与右下角的圆角值，第二个值为右上角与左下角的圆角值。

(4) 当 border-radius 指定 1 个数值(如 10 px)时，则四个圆角值相同。

【案例实践 10-3】 利用 border-radius 属性设置圆角位置。

示例代码如下：

```
<html>
    <head>
        <style>
        #rcorners1 {
            border-radius: 15px 40px 25px 5px;
            background: red;padding: 15px; width: 210px; height: 150px;
        }

        #rcorners2 {
            border-radius: 16px 55px 30px;
            background: green; padding: 15px; width: 210px;height: 150px;
        }

        #rcorners3 {
            border-radius: 20px 50px;
            background: blue; padding: 15px;width: 210px;height: 150px;
        }
        </style>
    </head>
    <body>
            <div id="rcorners2">
            <span>四个值</span>
            </div>
            <div id="rcorners2">
            <span>三个值</span>
            </div>

            <div id="rcorners3">
            <span>二个值</span>
            </div>

      </body>
</html>
```

3. 盒阴影

CSS3 中的 box-shadow 属性被用来添加阴影，可以添加一个阴影，也可以添加多个阴影。如想添加多个阴影效果，只需在属性值后边继续添加参数即可。其语法格式为：

box-shadow:h-shadow v-shadow blur color。

h-shadow：水平阴影位置。

v-shadow：垂直阴影位置。

blur：模糊半径，指阴影的模糊程度。

color：阴影的颜色。

【案例实践 10-4】 盒子阴影效果。

示例代码如下：

```
<html>
  <head>
      <style type="text/css">
              .box {
                width: 100px;
                height: 100px;
                background-color: #ccc;
                box-shadow:
                  0 10px 10px -5px rgba(0, 0, 255, 0.5),   /* 顶部阴影*/
                  0 -10px 10px -5px rgba(0, 0, 255, 0.5); /* 底部阴影 */
              }
          </style>

  </head>
  <body>
        <div class="box"></div>
  </body>
</html>
```

运行结果如图 10-3 所示。

图 10-3 盒子阴影效果

【课堂思政】

事物都是发展的，边框属性从 CSS 1 到 CSS 3，是一个不断发展的过程，解决了之前一些很难实现的效果。创新是发展的第一动力，在开发过程当中，要适当地应用 CSS 3 中的边框属性，以达到最佳的视觉效果。

任务 10.2　背　　景

CSS3 中 background-size 属性允许用户指定背景图像的大小。

可以通过长度、百分比或使用 contain、cover 两个关键字之一来指定背景图像的大小。

contain 关键字将背景图像缩放为尽可能大的尺寸(但其宽度和高度都必须适合内容区域)。这取决于背景图像和背景定位区域的比例，可能存在一些未被背景图像覆盖的背景区域。

cover 关键字会缩放背景图像，以使内容区域完全被背景图像覆盖(其宽度和高度均等于或超过内容区域)。这样，背景图像的某些部分可能在背景定位区域中不可见。

本任务将介绍以下背景属性：

- background-image：指定背景图片。
- background-size：指定背景图片的尺寸。
- background-origin：指定背景图片的位置区域。
- background-clip：指定背景图片的绘制区域。

1. background-image 属性

background-image 属性指定背景图片，如果使用多张背景图片，不同的背景图片之间用逗号隔开，所有的图片中显示在最顶端的为第一张。

【案例实践 10-5】 background-image 属性。

示例代码如下：

```
<html>
  <head>
      <style>
      #box1 {
            width:500px;
            height: 279px;
          background-image: url(building.jpg),url(paper.jpg);
          background-position: right bottom,left top;
          background-repeat: no-repeat,repeat;
      }
      </style>
  </head>
  <body>
      <div id="box1">
```

```
        <p>图片位于右下角</p>
        </div>
    </body>
</html>
```

运行结果如图 10-4 所示。

图 10-4 background-image 属性

2. background-size 属性

background-size 属性指定背景图片的大小。CSS3 以前，背景图片大小由图片的实际大小决定。

CSS3 中可以指定背景图片，用户可以在不同场景中使用像素或百分比设置背景图片大小，指定的大小是相对于父元素的宽度和高度的百分比的大小。

【案例实践 10-6】 background-size 属性。

示例代码如下：

```
<html>
  <head>
      <style>
      #box{
          background:url(chengshi.jpg);
          background-size:500px 200px;
          background-repeat:no-repeat;
          padding:100px;
      }
      </style>
  </head>
  <body>
      <div id="box"></div>
      <p>可以设置背景图片的大小</p>
  </body>
</html>
```

运行结果如图 10-5 所示。

图 10-5　background-size 属性

3. background-repeat 属性

background-repeat 属性用于指定背景图片的重复方式。它有以下几个可能的取值：

repeat(默认值)：背景图片在水平和垂直方向上平铺重复。

repeat-x：背景图片只在水平方向上平铺重复，垂直方向上不重复。

repeat-y：背景图片只在垂直方向上平铺重复，水平方向上不重复。

no-repeat：背景图片不重复，只在背景元素内出现一次。

【案例实践 10-7】 background-repeat 属性。

示例代码如下：

```
<html>
  <head>
      <meta charset="utf-8">
      <title></title>


      <style>
      #box{
            width:1000px;
            height:150px;
            background:url(flower1.jpg);
             background-repeat:repeat-x;
             padding:100px;
      }
      </style>
  </head>
  <body>
        <div id="box"></div>
  </body>
</html>
```

运行结果如图 10-6 所示。

图 10-6 background-repeat 属性

4. background-origin 属性

background-origin 属性指定背景图片的开始位置区域，无须关注图片结束的位置区域。content-box 指图片从元素的内容区域开始显示，padding-box 指背景图片从元素的内边距区域开始显示，border-box 指背景图片从元素的边框区域开始显示，如图 10-7 所示。

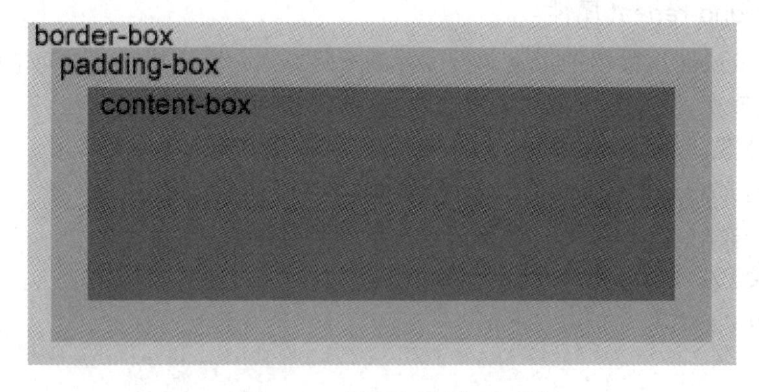

图 10-7 背景图片的位置区域

【案例实践 10-8】 background-origin 属性。

示例代码如下：

```
<html>
    <head>
       <style>
       div {
          width: 300px;
          height: 50px;
          padding: 10px;
          border: 5px dashed blue;
          background-image: url('flower2.jpg');
            background-size: cover;   /*图片缩放，覆盖背景区域*/
          background-repeat: no-repeat;
       }
       .box1{
       background-origin: content-box;
       }
```

```
        .box2{
        background-origin: padding-box;
        }
        </style>
    </head>
    <body>
        <p>图片从内容区域开始显示：</p>
        <div class="box1"></div>
        <p>图片从内边距区域开始显示：</p>
        <div class="box2"></div>
    </body>
</html>
```

运行结果如图 10-8 所示。

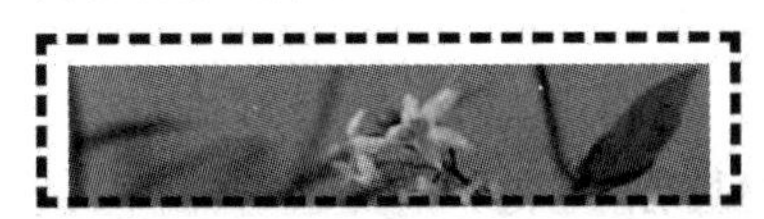
图片从内容区域开始显示：

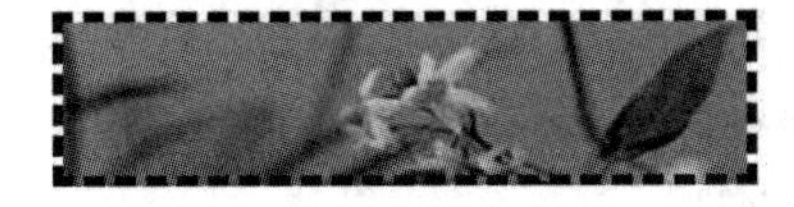
图片从内边距区域开始显示：

图 10-8　background-origin 属性

5. background-clip 属性

background-clip 属性指定背景图片的显示区域，会根据显示区域对图片进行裁剪。

【案例实践 10-9】 background-clip 属性。

示例代码如下：

```
<html>
    <head>
      <style>
      #example1 {
          border: 15px dotted black;
          padding:20px;
          background: yellow;
      }

      #example2 {
          border: 15px dotted black;
          padding:20px;
          background: red;
```

```
        background-clip: padding-box;
    }

    #example3 {
        border: 15px dotted black;
        padding:20px;
        background: blue;
        background-clip: content-box;
    }
  </style>
</head>
<body>

    <p>没有背景剪裁 (border-box 没有定义):</p>
    <div id="example1">
    </div>
    <p>background-clip: padding-box:</p>
    <div id="example2">
    </div>
    <p>background-clip: content-box:</p>
    <div id="example3">
    <h1></h1>
    </div>
</body>
</html>
```

运行结果如图 10-9 所示。

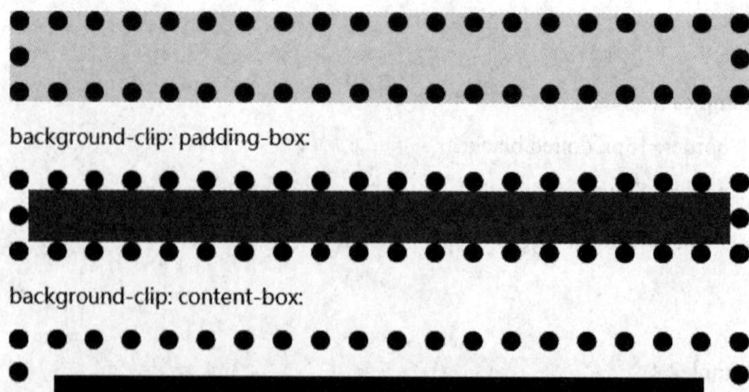

图 10-9 background-clip 属性

课堂思政

背景的设置方法有不同的特点，但是它是有规律可循的。在代码开发的过程中，我们要培养自己的观察能力，用辩证思维的方式去思考，应用事物的联系性和发展性，灵活应用背景属性。

任务 10.3　渐　　变

CSS 3 渐变(gradients)是在 CSS 3 中引入的一种新的样式效果，可以在两个或多个指定的颜色之间呈现平稳的过渡。这样就可以在不使用图像的情况下实现丰富多彩的背景效果，在网页设计中非常实用。

CSS 3 定义了两种类型的渐变(gradients)：

线性渐变(Linear Gradients)：向下/向上/向左/向右/对角方向定义渐变。

径向渐变(Radial Gradients)：由它们的中心定义。

10.3.1　线性渐变

线性渐变是沿着一条直线进行颜色过渡的效果。可以设置一个起点和方向，以及两个或多个颜色节点，浏览器会根据这些信息在颜色之间进行平滑过渡，使用 linear-gradient 实现，如图 10-10 所示。

图 10-10　渐变效果

1. 从上至下渐变

【案例实践 10-10】 从上至下渐变。

示例代码如下：

```
<html>
    <head>
    <style>
    .box{
        width: 600px;
        height:200px;
        background: linear-gradient(#d2691e, #7fff00);
        background: -webkit-linear-gradient(#d2691e, #7fff00); /*Safari/Chrome 浏览器*/
        background: -o-linear-gradient(#d2691e, #7fff00); /* Opera 浏览器 */
```

```
            background: -moz-linear-gradient(#d2691e, #7fff00); /* Firefox 浏览器 */
        }
            </style>
        </head>
    <body>
    <div class="box"></div>
    </body>
```

运行结果如图 10-11 所示。

图 10-11 从上至下渐变效果

从预览效果中可以看出，背景颜色从上方的橙色渐变到底部的绿色。

2. 从左至右渐变

【案例实践 10-11】 从左至右渐变。

示例代码如下：

```
<html>
  <head>
      <meta charset="utf-8">
      <title></title>
      <style>
      .box{
            width: 600px;
          height:200px;
          background: linear-gradient(to right,#00ffff, #aa55ff);
          background:-webkit-linear-gradient(to right,#00ffff, #aa55ff); /*Safari/Chrome 浏览器*/
          background: -o-linear-gradient(to right,#00ffff, #aa55ff); /* Opera 浏览器 */
          background: -moz-linear-gradient(to right,#00ffff, #aa55ff); /* Firefox 浏览器 */
      }
      </style>
  </head>
  <body>
      <div class="box"></div>
```

```
        </body>
    </html>
    }
```

运行结果如图 10-12 所示。

图 10-12　从左至右渐变

从预览效果中可以看出，渐变从左侧的浅蓝色开始，逐渐过渡到左侧的紫色。

3. 对角渐变

【案例实践 10-12】 对角渐变。

示例代码如下：

```
<html>
    <head>
        <meta charset="utf-8">
        <title></title>
        <style>
        .box{
            width: 600px;
            height:200px;
            background: linear-gradient(to right top,#ff0000, #ffa500);
            background:-webkit-linear-gradient(to right top,#ff0000, #ffa500); /*Safari/Chrome
            浏览器*/
            background: -o-linear-gradient(to right top,#ff0000, #ffa500); /* Opera 浏览器 */
            background: -moz-linear-gradient(to right top,#ff0000, #ffa500); /* Firefox 浏览器 */
            }
        </style>
    </head>
    <body>
        <div class="box"></div>
    </body>
</html>
```

运行结果如图 10-13 所示。

图 10-13 对角渐变

从预览效果可以看出，背景色从左下角的红色渐变到右上角的橙色。

4. 使用角度进行线性渐变

如果用户想要在渐变的方向上做更多的控制，可以使用角度定义线性渐变的方向。0dey 表示从左到右，90dey 表示从下到上，180dey 表示从右到左。其语法格式如下：

background: linear-gradient(angle, color-stop1, color-stop2);

【案例实践 10-13】 使用角度进行线性渐变。

示例代码如下：

```
<html>
    <head>
        <style>
        .box{
            width: 600px;
            height:200px;
            background: linear-gradient(0deg, #ff0000, #7fff00);
            background: -webkit-linear-gradient(0deg, #ff0000, #7fff00); /*Safari/Chrome 浏览器
            background: -o-linear-gradient(0deg, #ff0000, #7fff00); /* Opera 浏览器 */
            background: -moz-linear-gradient(0deg, #ff0000, #7fff00); /* Firefox 浏览器 */
            }
        </style>
    </head>
    <body>
        <div class="box"></div>
    </body>
</html>
```

运行结果如图 10-14 所示。

图 10-14 使用角度进行线性渐变

从预览结果可以看出，背景色从左边的红色渐变到右边的绿色，这里用的浏览器使用

的是旧标准。

5. 使用多个颜色节点进行线性渐变

带有多个颜色节点的从上到下的线性渐变，应用案例如下。

【案例实践 10-14】 使用多个颜色节点进行线性渐变。

示例代码如下：

```
<html>
    <head>
        <style>
        .box{
            width: 600px;
            height:200px;
            background: linear-gradient(#8a2be2,#00ffff,#bdb76b,#e9967a);
            background:-webkit-linear-gradient(#8a2be2,#00ffff,#bdb76b,#e9967a);
/*Safari/Chrome 浏览器*/
            background: -o-linear-gradient(#8a2be2,#00ffff,#bdb76b,#e9967a); /* Opera 浏览器 */
            background:-moz-linear-gradient(#8a2be2,#00ffff,#bdb76b,#e9967a); /* Firefox 浏
览器 */
        }
        </style>
    </head>
    <body>
        <div class="box"></div>
    </body>
</html>
```

运行结果如图 10-15 所示。

图 10-15　使用多个颜色节点进行线性渐变

从预览效果可以看出，4 种背景颜色从上到下进行渐变。

6. 透明渐变

CSS3 渐变也支持透明度(transparency)，可用于创建减弱变淡的效果。颜色的过渡是在改变颜色的透明度的情况下进行的。

用户可使用 rgba()函数来定义颜色节点，添加透明度。rgba()函数中的最后一个参数可以是从 0 到 1 的值，它定义了颜色的透明度：0 表示完全透明，1 表示完全不透明。

【案例实践 10-15】 透明渐变。

示例代码如下：

```
<html>
    <head>
        <meta charset="utf-8">
        <title></title>
        <style>
            .box{
            width: 600px;
            height: 200px;
            background: linear-gradient(to right, rgba(138, 43, 226, 1), rgba(138, 43, 226,0.1));
            background: -webkit-linear-gradient(to right, rgba(138, 43, 226, 1), rgba(138, 43,
    226,0.1)); /*Safari/Chrome 浏览器*/
            background: -o-linear-gradient(to right, rgba(138, 43, 226, 1), rgba(138, 43, 226,0.1));
    /* Opera 浏览器 */
            background: -moz-linear-gradient(to right, rgba(138, 43, 226, 1), 138, 43, 226,0.1));
    /* Firefox 浏览器 */
            }
        </style>
    </head>
    <body>
        <div class="box"></div>
    </body>
</html>
```

运行结果如图 10-16 所示。

图 10-16 透明渐变

从预览结果可以看出，颜色从完全不透明渐变到透明度为 0.1。

7. 重复线性渐变

repeating-linear-gradient()函数用于重复线性渐变。

【案例实践 10-16】 重复线性渐变。

示例代码如下：

```
<html>
```

```
<head>
    <meta charset="utf-8">
    <title></title>
    <style>
        .box{
        width: 600px;
        height: 300px;
        background-image:repeating-linear-gradient(
        30deg, /* 渐变的方向，也可以是渐变的起始位置，如 to left top(左上角)*/
        #8a2be2,
        #ffa500,
        #00ffff 10%
        );
      }
      </style>
</head>
<body>
<div class="box"></div>
</body>
</html>
```

运行结果如图 10-17 所示。

图 10-17　重复线性渐变

从预览结果可以看出，呈 30dey 的角度 3 种颜色形式重复的渐变效果。

10.3.2　径向渐变

径向渐变以一个点为中心，从中心向外过渡，其语法为：background-image：radiad-gradient()。渐变的中心是 center(表示在中心点)，渐变的形状是 ellipse(表示椭圆形)，渐变的大小是 farthest-corner(表示到最远的角落)。

1. 径向渐变

【案例实践 10-17】 径向渐变。

示例代码如下：

```
<html>
    <head>
        <style>
            div{
            width: 200px;
            height:200px;
             display:inline-block;     /*两个 div 在同一行显示 */
        }
        .box1{
        margin-right: 10px;
        background-image:radial-gradient(#8a2be2,#ffa500,#00ffff);
        /*均匀分布的径向渐变 */
        }
        .box2{
        background-image:radial-gradient(#ff0000,#00ff00 5%,#0000ff);
        /*均匀分布的径向渐变 */
        }
        </style>
    </head>
    <body>
    <div class="box1"></div>
    <div class="box2"></div>
    </body>
</html>
```

运行结果如图 10-18 所示。

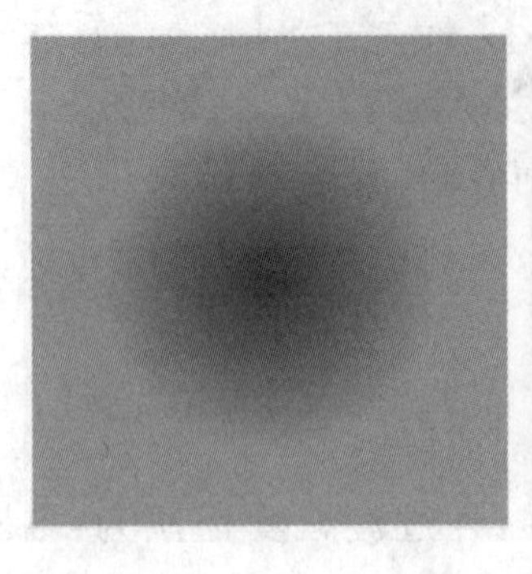 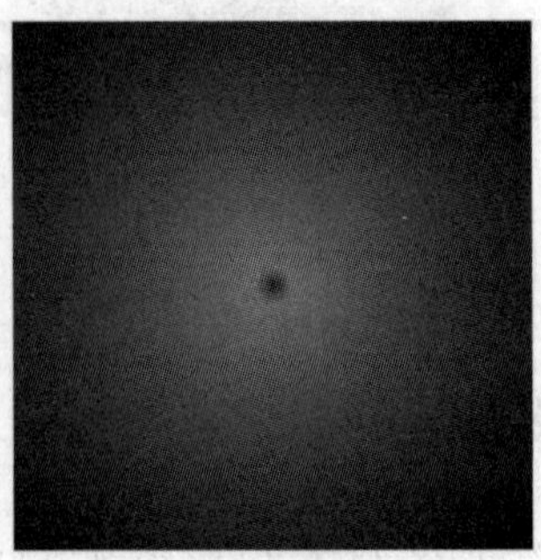

图 10-18　径向渐变

2. 重复径向渐变

repeating-radial-gradient()函数用于重复径向渐变。

【案例实践 10-18】 重复的径向渐变。

示例代码如下：

```
<html>
    <head>
        <style>
                .box{
                width: 300px;
                height: 200px;
                background-image:repeating-radial-gradient(
                  closest-corner,/*指定径向渐变的半径长度为从圆心到离圆心最近的角。 */
                #8a2be2,
                #ffa500,
                #00ffff 10%
                );
            }
        </style>
      </head>
      <body>
      <div class="box"></div>
      </body>
  </html>
```

运行结果如图 10-19 所示。

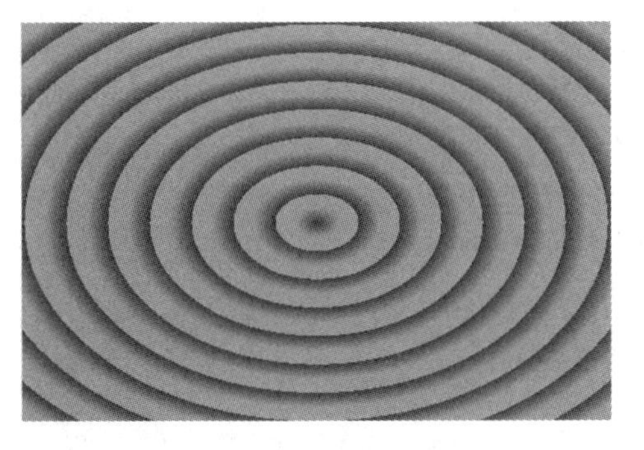

图 10-19　重复径向渐变

渐变属性的应用让色彩变得更加丰富多彩。五千年的中华文明中蕴含着无数的艺术瑰宝，我们在开发时应参考传统的配色方法，结合现有的时尚元素，做出既含有中国元素又与时代并行的视觉效果。

任务 10.4　动 画 转 换

CSS 3 动画转换包含 2D 转换和 3D 转换两种。

10.4.1 2D转换

2D 转换是通过 CSS 来改变元素的形状或位置，也可以叫做变形。变形不会影响到页面的布局，用 transform 来设置元素的变形效果。

CSS3 转换使用户可以移动、比例化、反过来旋转和拉伸元素。转换方式通常有以下五种：

- rotate()：根据给定的角度顺时针或逆时针旋转元素。
- translate()：从其当前位置移动元素(根据为 X 轴和 Y 轴指定的参数)。
- scale()：增加或减少元素的大小(根据给定的宽度和高度参数)。
- skewX()：使元素沿 X 轴倾斜给定角度。
- matrix()：可接受六个参数，其中包括数学函数，这些参数使您可以旋转、缩放、移动(平移)和倾斜元素。

1．rotate()方法

在一个给定度数且顺时针旋转的元素中，rotate()方法可以实现元素的逆时针旋转。

【案例实践 10-19】 rotate()方法。

示例代码如下：

```
<html>
  <head>
        <style>
        div
        {
            width:150px;
            height:80px;
            background-color:green;
            border:1px solid black;
            color:#fff;
        }
        div#div2
        {
            transfor transform:rotate(45deg);
            -ms-transform:rotate(45deg); /* IE 9 */
            -webkit-transform:rotate(45deg); /* Safari and Chrome */
        }
         </style>
   </head>
   <body>
         <div>我没有旋转</div>
         <div id="div2">我旋转了 45 度</div>
```

图 10-20 rotate()方法

```
    </body>
</html>
```

运行结果如图 10-20 所示。

2. translate()方法

translate()方法是根据左部(X 轴)和顶部(Y 轴)位置给定的参数，可以从当前元素位置移动到指定位置。

【案例实践 10-20】 translate()方法。

示例代码如下：

```
<html>
    <head>
        <style>
        div
        {
            width:150px;
            height:50px;
            background-color:red;
            border:1px solid black;
            color:#fff;
        }
        div#div2
        {
            transform:translate(50px,120px);
            -ms-transform:translate(50px,120px); /* IE 9 */
            -webkit-transform:translate(50px,120px); /* Safari and Chrome */
        }
        </style>
    </head>
    <body>
        <div>我没有动</div>
        <div id="div2">我动了</div>
    </body>
</html>
```

运行结果如图 10-21 所示。

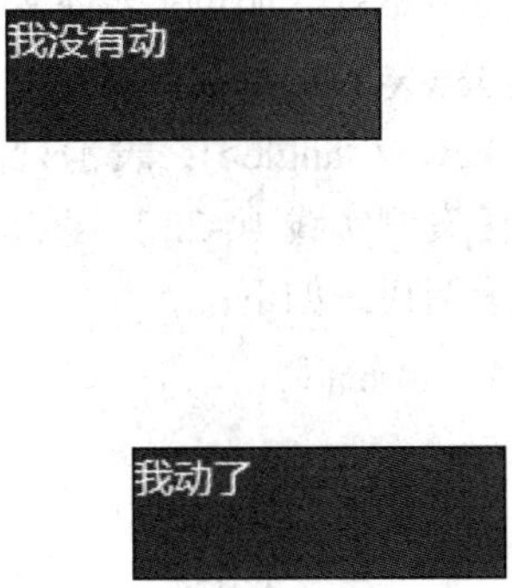

图 10-21　translate()方法

3. scale()方法

scale()方法可以改变元素的大小，这主要取决于宽度(X 轴)和高度(Y 轴)的参数设置。

【案例实践 10-21】 scale()方法。

示例代码如下：

```
<html>
```

```
<head>
  <style>
  div {
     margin: 50px;
     width: 100px;
     height: 50px;
     background-color: red;
     border: 1px solid black;
     border: 1px solid black;
     -ms-transform: scale(2,3); /* IE 9 */
     -webkit-transform: scale(2,3); /* Safari */
     transform: scale(2,3); /*  标准语法  */}
     </style>
</head>
<body>
     <div>
     我的宽度是原始大小的两倍，高度是原始大小的三倍。
     </div>
</body>
</html
```

图 10-22 scale()方法

运行结果如图 10-22 所示。

从预览结果可以看出，当鼠标悬停在 div 上时，宽度和高度都变为原来的 2 倍。

4. skew()方法

skew()方法用于对元素进行倾斜变换。它包含两个参数值，分别表示 X 轴和 Y 轴方向上的倾斜角度，如果第二个参数为空，则默认为 0，参数为负表示向相反方向倾斜。

skewX(<angle>)：表示只在 X 轴(水平方向)倾斜。

skewY(<angle>)：表示只在 Y 轴(垂直方向)倾斜。

【案例实践 10-22】 skew()方法。

示例代码如下：

```
<html>
  <head>
     <style>
     div{
       margin: 50px auto;
       width: 200px;
       height: 100px;
       background-color: #006400;
     }
```

```
            .box1:hover{
            margin-bottom: 5px;
            transform: skewX(20deg);   /*水平方向倾斜*/
            }
            .box2:hover{
            transform: skewY(20deg); /*垂直方向倾斜*/
            }
            </style>
    </head>
    <body>
            <div class="box1"></div>
            <div class="box2"></div>
    </body>
</html>
```

图 10-23　skew()方法

运行结果如图 10-23 所示。

5. matrix()方法

matrix()方法用于元素进行 2D 变换，它包含 6 个参数，定义一个 2 × 3 的变换矩阵，用于执行 2D 变换，包括平移、缩放、旋转和倾斜。

【案例实践 10-23】 matrix()方法。

示例代码如下：

```
<html>
 <head>
        <style>
        div
        {
            width:120px;
            height:50px;
            background-color:green;
            border:1px solid black;
            color:#fff;
        }
        div#div2
        {
            transform:matrix(0.666,0.5,-0.5,0.866,0,0);
            -ms-transform:matrix(0.666,0.5,-0.5,0.866,0,0); /* IE 9 */
            -webkit-transform:matrix(0.666,0.5,-0.5,0.866,0,0); /* Safari and Chrome */
        }
        </style>
```

```
    </head>
    <body>
        <div></div>
        <div id="div2"></div>
    </body>
</html>
```

运行结果如图 10-24 所示。

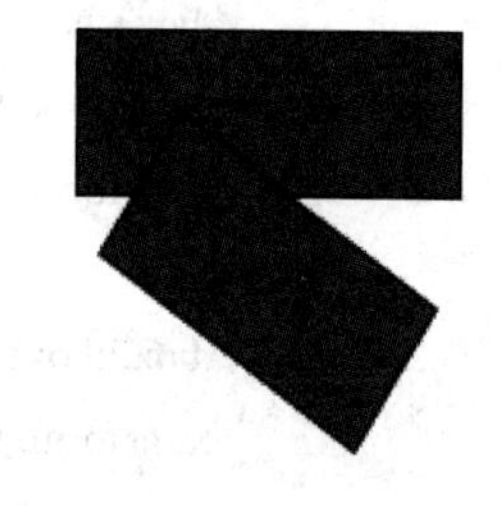

图 10-24 matrix()方法

10.4.2 3D 转换

CSS3 除了 2D 转换，还可以进行 3D 转换，使转换过程更加立体。

3D 位移是在 2D 位移的基础上，增加了沿 Z 轴平移的功能。2D 的 X 轴和 Y 轴方向上平移的属性设置，在 3D 平移中仍然保留。

- 通过 CSS transform 属性，用户可以使用以下三种方法实现 3D 转换：
- translateX(x)：沿 X 轴平移。
- translateY(y)：沿 Y 轴平移。
- translateZ(z)：沿 Z 轴平移。

X、Y 轴可以使用百分比单位，但是 Z 轴必须使用像素单位 px;translate3d(x，y，z)沿 X、Y、Z 轴平移；在 translate3d(x，y，z)属性中，X，Y，Z 三个轴的平移都不可省略，如果没有平移就设置为 0。3D 变换属性如表 10-1 所示。

表 10-1 3D 变换属性

属　性	说　　明
transform	向元素应用 2D 或 3D 转换
transform-origin	允许用户改变被转换元素的位置
transform-style	规定被嵌套元素如何在 3D 空间中显示
perspective	规定 3D 元素的透视效果
perspective-origin	规定 3D 元素的底部位置
backface-visibility	定义元素在不面对屏幕时是否可见

课堂思政

2D、3D 转换是整个动画过程当中最重要的一项，有着举足轻重的作用。本任务中的转换方式决定着整个动画的整体效果。一切事物都是由各个局部构成的有机联系的整体，整体和部分既相互区别又相互联系，这要求人们做事情既要从整体着眼，寻求最优目标，又要搞好局部，使整体功能得到最大的发挥。“一着不慎，满盘皆输”强调了局部对整体的反作用，而“不谋全局者，不足以谋一域”则强调了整体对局部的决定作用。整体离不开局部，局部也离不开整体，只有把二者有机结合起来才能发挥出最优化的效益。

任务 10.5　过　　渡

使用 CSS3 过渡实现元素从一种样式逐渐改变为另一种样式的效果。过渡允许元素的属性值在一定的时间区间内平滑地过渡，当鼠标单击，获得焦点或改变元素属性时，实现动画效果。CSS3 过渡形式从变化过程可分为：单一变化过渡，多项改变和延迟过渡三种，其过渡属性如表 10-2 所示。

表 10-2　过 渡 属 性

属　性	说　　明
transition	将四个过渡属性设置为单一属性
transition-delay	过渡效果的延迟(以秒计)
transition-duration	过渡效果要持续多少秒或毫秒
transition-property	过渡效果所针对的 CSS 属性的名称
transition-timing-function	过渡效果的速度曲线

1. 单一变化过渡

【案例实践 10-24】 单一变化过渡。

示例代码如下：

```
<html >
  <head>
      <style>
        div{
        display: inline-block;
        width: 100px;
        height: 100px;
        background-color: red;
      }
      .box1{
      margin-right: 5px;
        transition:background-color 2s;
      }
      .box2{
        transition:width 2s;
      }
      .box1:hover{
       background-color: pink;
      }
```

```
            .box2:hover{
            width: 300px;
            }
            </style>
    </head>
    <body>
            <div class="box1">div1</div>
            <div class="box2">div2</div>
    </body>
</html>
```

运行结果如图 10-25 所示。

图 10-25　单一变化过渡

从预览结果可以看到，当鼠标悬停在 div1 上时，div1 在 2 s 内背景颜色从红色过渡到粉色，鼠标悬停在 div2 上时，div2 的宽度在 2 s 内从 100 px 变为 300 px。

注意：如果未指定期限，则 transition 将没有任何效果，因为默认值是 0。

指定的 CSS 属性的值更改时效果会发生变化。一个典型 CSS 属性的变化是用户鼠标放在一个元素上时。

2. 多项改变过渡

transition-timing-function 属性规定过渡效果的速度曲线。transition-timing-function 属性可接受以下值：

- ease：规定过渡效果，先缓慢地开始，然后加速，最后缓慢地结束(默认)。
- linear：规定从开始到结束具有相同速度的过渡效果。
- ease-in：规定缓慢开始的过渡效果。
- ease-out：规定缓慢结束的过渡效果。
- ease-in-out：规定开始和结束较慢的过渡效果。
- cubic-bezier(n, n, n, n)：允许用户在三次贝塞尔函数中定义自己的值。

【案例实践 10-25】 多项改变过渡。

示例代码如下：

```
<html>
    <head>
     <style>
     div {
        width: 100px;height: 100px;
        margin-bottom:10px
```

```
        background: red;transition: width 2s;
    }
    #div1 {transition-timing-function: linear;}
    #div2 {transition-timing-function: ease;}
    #div3 {transition-timing-function: ease-in;}
    #div4 {transition-timing-function: ease-out;}
    #div5 {transition-timing-function: ease-in-out;}
    div:hover {
        width: 300px;
    }
    </style>
  </head>
  <body>
        <div id="div1"> linear </div>
        <div id="div2"> ease </div>
        <div id="div3"> ease-in </div>
        <div id="div4"> ease-out </div>
        <div id="div5"> ease-in-out </div>
  </body>
</html>
```

运行结果如图 10-26 所示。

图 10-26　多项改变过渡

3. 延迟过渡

transition-delay 属性规定过渡效果的延迟(以秒计)。

【案例实践 10-26】 延迟 2 s 后启动过渡。显示 div 内所有文字。

示例代码如下：

```
<html>
  <head>
      <style>
      .box{
          width: 400px;
          heig ht: 15px;
          padding: 10px;
          cursor: pointer;
          text-indent: 2em;
          white-space: nowrap;
          text-overflow: ellipsis;
          overflow: hidden;
          /* 过渡 */
```

```
            transition-property: all; /*所有 CSS 属性过渡*/
            transition-duration: 1s; /*过渡时间 1s*/
            transition-timing-function: linear; /*过渡效果从开始至结束用相同的速度*/
            transition-delay: 2s;/*延迟 2s 进行过渡*/
        }
        .box:hover{
            height: 200px;
            background-color: #ffe4c4;
            white-space: normal; /*允许换行*/
        }
        </style>
          </head>
          <body>
        <div class="box">过渡在衔接每个动画步骤和动画内容上就像是串联全部动画过程的一根
    线，将整个动画过程有机地结合起来。好的过渡能让动画非常流畅，使整个效果非常完整，画
    面衔接得更加自然。</div>
      </body>
    </html>
```

或者写为：

```
    <html>
      <head>
          <style>
          div
          {
            width:120px;
            height:120px;
            background:red;
            transition:width 1s linear 2s;
            /* Safari */
            -webkit-transition:width 1s linear 2s;
         }

          div:hover
         {
          width:250px;
         }
          </style>
      </head>
```

```
    <body>
        <div></div>
        <p><b>过渡效果需要等待 2s 后才开始。</p>
    </body>
</html>
```

运行结果如图 10-27 所示。

过渡在衔接每个动画步骤和动画内容上就像是串联...

图 10-27　延迟过渡

课堂思政

过渡在衔接每个动画步骤和动画内容上就像是串联全部动画过程的一根线，将整个动画过程有机地结合起来。好的过渡能让动画非常流畅，使整个效果非常完整，画面衔接得更加自然。

任务 10.6　动 画 过 渡

动画是使元素从一种样式逐渐变化为另一种样式。它允许通过设置多个节点来精确控制一个或一组动画，从而实现复杂动画效果，用户可以改变任意多的样式、任意多的次数。这种特性使得 CSS3 动画非常强大，让页面美观、生动。

制作动画分为两个步骤：首先使用@keyframes 定义动画，然后使用 animation 调用动画。

表 10-3　动 画 属 性

属　性	说　　明
@keyframes	动画模式
animation	设置所有动画属性的简写属性
animation-delay	动画开始的延迟
animation-direction	定动画是向前播放、向后播放还是交替播放
animation-duration	动画完成一个周期应花费的时间
animation-iteration-count	规定动画应播放的次数
animation-name	规定@keyframes 动画的名称
animation-play-state	规定动画是运行还是暂停
animation-timing-function	规定动画的速度曲线

表 10-3 中所表示的内容为各类动画属性的简要说明，下面通过各类案例对不同的动画属性进行详细介绍。

1. @keyframes 规则

@keyframes 规则是创建动画。@keyframes 规则指定一个 CSS 样式和动画逐步从目前的样式更改为新的样式。

【案例实践 10-27】 改变颜色。

示例代码如下：

```
<html>
  <head>
     <style>
     div{
          width: 200px;
          height: 200px;
          background:#8a2ce2;
          animation: corners 5s;
          -webkit-animation: corners 5s; /*Safari and Chrome*/
          -moz-animation: corners 5s;/*Firefox*/
          -o-animation: corners 5s;/*Opera*/
     }
     @keyframes corners{
          0%{border-radius: 0;}
          25%{border-radius: 20%;}
          50%{border-radius: 30%;}
          100%{border-radius: 50%;}
     }
     @-webkit-keyframes corners{/*Safari and Chrome*/
          0%{border-radius: 0;}
          25%{border-radius: 20%;}
          50%{border-radius: 30%;}
          100%{border-radius: 50%;}
     }
     @-moz-keyframes corners{/*Firefox*/
          0%{border-radius: 0;}
          25%{border-radius: 20%;}
          50%{border-radius: 30%;}
          100%{border-radius: 50%;}
     }
     @-o-keyframes corners{/*Opera*/
          0%{border-radius: 0;}
          25%{border-radius: 20%;}
          50%{border-radius: 30%;}
          100%{border-radius: 50%;}
     }
```

```
        </style>
    </head>
    <body>
        <div></div>
        <p>div 的圆角半径不断变化，直到成为圆</p>
    </body>
</html>
```

图 10-28　@keyframes 规则

运行结果如图 10-28 所示。

【案例实践 10-28】 同时改变颜色和位置，扫描右侧二维码，可浏览动画效果。

示例代码如下：

```
<html>
    <head>
        <style>
            .box{width:50px;
            height:50px;
            background:#006400;
            border-radius: 50%;
            animation:mybox 10s;
            -webkit-animation:mybox 10s; /* Safari and Chrome */
            -o-animation:-webkit-animation:mybox 10s;    /*Opera */
        }
        @keyframes mybox{
            0%{background:#006400;margin-left:0px; margin-top:0px;}
            50%    {background:#ffa500;margin-left:150px; margin-top:150px;}
            70%    {background:#aaaaaa;margin-left:0px; margin-top:150px;}
            100% {background:#ff0000;margin-left:0px; margin-top:0px;}
        }
        @-webkit-keyframes mybox{ /* Safari and Chrome */
            0%     {background:#006400;margin-left:0px; margin-top:0px;}
            50%    {background:#ffa500;margin-left:150px; margin-top:150px;}
            70%    {background:#aaaaaa;margin-left:0px; margin-top:150px;}
            100% {background:#ff0000;margin-left:0px; margin-top:0px;}
        }
        @-o-keyframes mybox {/*Opera */
            0%     {background:#006400;margin-left:0px; margin-top:0px;}
            50%    {background:#ffa500;margin-left:150px; margin-top:150px;}
            70%    {background:#aaaaaa;margin-left:0px; margin-top:150px;}
            100% {background:#ff0000;margin-left:0px; margin-top:0px;}
```

```
        }
        </style>
    </head>
    <body>
        <div class="box"></div>
    </body>
</html>
```

2. 延时动画

animation-delay 属性规定动画开始的延迟时间，负值也是允许的。如果使用负值，则动画将开始播放，如同已播放 N s。

【案例实践 10-29】 animation-delay 属性，扫描右侧二维码，可浏览动画效果。

示例代码如下：

```
<html>
    <head>
        <style>
            .box{
            width:50px;
            height:50px;
            margin-top: 50px;
            background:#006400;
            border-radius: 50%;
            animation-name:mybox;   /*动画名称*/
            animation-duration:10s;   /*10s 完成一个动画周期*/
            animation-delay: 5s;   /*延迟 5s 动画开始*/
        }
        @keyframes mybox{
            0%     {background:#006400;margin-left:0px; margin-top:50px;}
            50%    {background:#ffa500;margin-left:150px; margin-top:150px;}
            70%    {background:#aaaaaa;margin-left:0px; margin-top:150px;}
            100% {background:#ff0000;margin-left:0px; margin-top:50px;}
        }
        @-webkit-keyframes mybox{ /* Safari and Chrome */
            0%     {background:#006400;margin-left:0px; margin-top:50px;}
            50%    {background:#ffa500;margin-left:150px; margin-top:150px;}
            70%    {background:#aaaaaa;margin-left:0px; margin-top:150px;}
            100% {background:#ff0000;margin-left:0px; margin-top:50px;}
        }
        @-o-keyframes mybox{ /*Opera */
```

```
            0%      {background:#006400;margin-left:0px; margin-top:50px;}
            50%     {background:#ffa500;margin-left:150px; margin-top:150px;}
            70%     {background:#aaaaaa;margin-left:0px; margin-top:150px;}
            100% {background:#ff0000;margin-left:0px; margin-top:50px;}
        }
        </style>
    </head>
    <body>
        <div class="box"></div>
    </body>
</html>
```

3. 反向或交替运行动画

animation-direction 属性指定动画是向前播放、向后播放还是交替播放。

animation-direction 属性可接受以下值：

- normal：动画正常播放(向前)，默认值。
- reverse：动画以反方向播放(向后)。
- alternate：动画先向前播放，然后向后。
- alternate-reverse：动画先向后播放，然后向前。

【案例实践 10-30】 动画以反方向播放，扫描右侧二维码，可浏览动画效果。

示例代码如下：

```
<html>
    <head>
        <style>
        .box{
            width: 60px;
            height: 60px;
            margin-top: 50px;
            margin-left: 100px;
            background-color: blue;
            border-radius: 50%;
            animation-name: move;
            animation-duration: 8s;
            animation-direction: reverse;    /* 动画反向播放 */
        }
        @keyframes move
        {
            from {transform: translateY(50px);}
            to      {transform: translateY(260px);}
```

```
        }
        @-webkit-keyframes move{/*Safari and Chrome */
            from {transform: translateY(50px);}
            to     {transform: translateY(260px);}
        }
        </style>
    </head>
    <body>
    <div class="box"></div>
      <body>
  </html>
```

4. 指定动画的速度曲线

animation-timing-function 属性规定动画的速度曲线。

animation-timing-function 属性可接受以下值：

- ease：指定从慢速开始，然后加快，最后缓慢结束的动画(默认)。
- linear：规定从开始到结束的速度相同的动画。
- ease-in：规定慢速开始的动画。
- ease-out：规定慢速结束的动画。
- ease-in-out：指定开始和结束较慢的动画。
- cubic-bezier(n, n, n, n)：运行用户在三次贝塞尔函数中定义自己的值。

【案例实践 10-31】 动画的速度曲线，扫描右侧二维码，可浏览动画效果。

示例代码如下：

```
<html>
  <head>
      <style>
      .main{
          width: 1000px;
          height:auto;
       }
      .box{
         width: 950px;
         margin-bottom: 5px;
         padding: 10px;
         border: 1px solid #ccc;
      }
     #div1,#div2,#div3,#div4{
        width: 40px;
        height:40px;
```

```
        background-color: red;
        border-radius: 50%;
    }
    #div1:hover {animation: move 10s;
            animation-timing-function: linear;
            }
    #div2:hover {animation: move 10s;
             animation-timing-function: ease;
            }
    #div3:hover {animation: move 10s;
             animation-timing-function: ease-in;
            }
    #div4:hover {animation: move 10s;
            animation-timing-function: ease-in-out;
            }
    @keyframes move
    {
            0%     {transform: translateX(0px);}
            100% {transform: translateX(900px);}
    }
    </style>
</head>
<body>
    <div class="main">
    <div class="box">
            <p>ease:慢速开始，然后加快，最后缓慢结束</p>
            <div id="div1"></div>
    </div>
    <div class="box">
            <p>linear:从开始到结束的速度相同</p>
            <div id="div2"></div>
    </div>
    <div class="box">
            <p>ease-in:慢速开始</p>
            <div id="div3"></div>
    </div>
    <div class="box">
            <p>ease-in-out:开始和结束较慢</p>
            <div id="div4"></div>
```

```
    </div>
  </body>
<html>
```

从预览页面可以看出，当鼠标悬停在不同 div 上，可以看到不同速度的动画效果。

5. 指定动画的填充模式

CSS 动画不会在第一个关键帧播放之前或在最后一个关键帧播放之后影响元素。animation-fill-mode 属性能够覆盖这种行为。

在不播放动画时(在开始之前，结束之后，或两者都结束时)，animation-fill-mode 属性规定目标元素的样式。

animation-fill-mode 属性可接受以下值：

- none：默认值，即动画在执行之前或之后不会对元素应用任何样式。
- forwards：元素将保留由最后一个关键帧设置的样式值(依赖 animation-direction 和 animation-iteration-count)。
- backwards：元素将获取由第一个关键帧设置的样式值(取决于 animation-direction)，并在动画延迟期间保留该值。
- both：动画会同时遵循向前和向后的规则，从而在两个方向上扩展动画属性。

【案例实践 10-32】 animation-fill-mode 属性 forwards 值的应用，扫描右侧二维码，可浏览动画效果。

示例代码如下：

```
<html>
  <head>
    <style>
    div {
      width: 100px;
      height: 100px;
      background: red;
      margin-top: 100px;
      position: relative;
      animation-name: myanimation;
      animation-duration: 4s;
      animation-fill-mode: forwards;
       /*保留在最后一帧设置的样式,不恢复到默认样式*/
    }
    @keyframes myanimation
    {
        from    {opacity: 1;left:50px;}
        to      {opacity: 0.3; left:300px;}
    }
```

```
        </style>
    </head>
    <body>
        <div></div>
    </body>
</html>
```

从预览效果可以看出，div 保留在最后一帧设置的样式，即透明度为 0.3，位置在距浏览器左侧 300 px 处。

课堂思政

由传统的 Flash 到 GIF 图片，再到现在的用代码实现动画效果，体现了 Web 开发的发展过程。在这个过程中，新事物的产生是对旧事物的补充和发展，也是旧事物自身的发展，在学习过程中，我们要学会善于用新的方法去解决问题。

项 目 小 结

本项目主要介绍了 CSS3 的概念、发展历程、新特性和浏览器对 CSS3 的支持情况，同时介绍了渐进增强的设计理念。通过学习本项目，可以对 CSS3 有一个初步的了解。学习 CSS3 有很多好处，可以让你始终处于 Web 设计的前沿，增加职业技能和竞争力，帮助你缩短与顶级设计师或开发者的距离。

项 目 习 题

一、填空题

1. CSS3 中实现圆角效果的属性是________。
2. CSS3 中线性渐变效果的属性是________。
3. 如果需要给文字增加阴影，需要使用________属性。
4. ________属性规定动画的速度曲线。
5. ________属性指定是向前播放、向后播放还是交替播放动画。

二、选择题

1. (　　)指定背景图像的大小。CSS3 以前，背景图像大小由图像的实际大小决定。

A. background　　B. background-image

C. background-size　　D. over-flow

2. (　　)属性规定过渡效果的延迟(以秒计)。

A. transition-delay　　B. transition-duration

C. transition-property　　D. transition-timing-function

3. (　　)规定过渡效果要持续多少秒或毫秒。

A. transition-duration　　B. transition-delay

C. transition-property　　D. transition-timing-function

4. (　　)规定从开始到结束具有相同速度的过渡效果

A. linear　　B. ease-in　　C. ease-out　　D. ease-in-out

5. (　　)定动画是向前播放、向后播放还是交替播放。

A. animation-delay　　B. animation-direction

C. animation-duration　　D. animation-fill-mode

三、项目实训

1. 实训目的：以案例形式让学生熟悉并掌握 CSS3 中新增的几个重要的文本样式属性。

(1) 定义文本阴影样式。

(2) 定义文本溢出样式。

(3) 添加动态内容。

2. 实训内容：通过 CSS3 中新增的几个重要的文本样式属性设计投影特效。

投影特效的效果如图 10-29 所示。

图 10-29　投影特效的效果图

参考代码：

首先掌握定义文本阴影特效。

```
<head>
    <styletype="text/css">
        .P{
            text-align:center;
            font:bold60pxhelvetica,arial,sans-serif;
            color:#999;
            text-shadow:0.1em0.1em#333;
        }
    </style>
</head>
<body>
    <p>文本阴影：text-shadow</p>
```

```
</body>
```

通过文本阴影设计出投影特效。

```
<head>
    <style>
        .milky{
            font-family:"ArialRoundedMTBold","HelveticaRounded",Arial,sans-serif;
            font-size:92px;
            color:#f1ebe5;
            font-weight:bold;
            text-align:center;
            display:inline-block;
            padding:50px100px;
            text-shadow:08px9px#c4b59d,0px-2px1px#fff;
            border-radius:20px;
            background:linear-gradient(tobottom,#ece4d90%,#e9dfd1100%);
        }
    </style>
</head>
<body>
    <divclass="milky">HTML5/CSS3<br>文字投影特效</div>
</body>
```

参 考 文 献

[1] 黑马程序员. 网页设计与制作项目教程(HTML+CSS+JavaScript)[M]. 北京：人民邮电出版社，2017.
[2] 传智播客高教产品研发部. HTML5+CSS3 网站设计基础教程[M]. 北京：人民邮电出版社，2016.
[3] 工业和信息化部教育与考试中心. Web 前端开发(初级上、下册)[M]. 北京：电子工业出版社，2019.
[4] 腾讯云计算(北京)有限责任公司主编. 界面设计(中级)[M]. 北京：高等教育出版社，2021.
[5] 袁磊，陈伟卫. 网页设计与制作实例教程[M]. 2 版. 北京：清华大学出版社，2013.
[6] 李敏. 网页设计与制作案例教程[M]. 北京：电子工业出版社，2012.